黑龙江省典型湿地藻类群落结构与环境驱动机制研究

张囡囡　著

东北大学出版社

·沈　阳·

图书在版编目（CIP）数据

黑龙江省典型湿地藻类群落结构与环境驱动机制研究 /
张囡囡著. -- 沈阳：东北大学出版社，2025. 5.
ISBN 978-7-5517-3823-1

Ⅰ. Q949. 2
中国国家版本馆 CIP 数据核字第 2025DF9188 号

出 版 者：东北大学出版社
　　　　　地址：沈阳市和平区文化路三号巷 11 号
　　　　　邮编：110819
　　　　　电话：024-83683655（总编室）
　　　　　　　　024-83687331（营销部）
　　　　　网址：http：//press.neu.edu.cn
印 刷 者：辽宁一诺广告印务有限公司
发 行 者：东北大学出版社
幅面尺寸：170 mm×240 mm
印 　 张：13. 25
字 　 数：238 千字
出版时间：2025 年 5 月第 1 版
印刷时间：2025 年 5 月第 1 次印刷
荣誉编辑：崔志超
责任编辑：孙　锋
责任校对：曲　直
封面设计：潘正一
责任出版：初　茗

ISBN 978-7-5517-3823-1　　　　　　　定 价：57. 00 元

前　言

　　湿地作为"地球之肾"，在全球生态系统中发挥着至关重要的作用。湿地不仅是水资源的重要调节者，还在维持生物多样性、储存碳、缓解气候变化和净化水质方面起到关键作用。然而，近年来，全球范围内湿地面积急剧减少，退化和污染问题日益严重，尤其是人类活动导致的富营养化和重金属污染，对湿地生态系统的健康构成了严峻挑战。在这样的背景下，黑龙江省的洪河湿地和扎龙湿地以其独特的生态地位与功能，成为全球湿地保护领域的重要研究对象。

　　洪河湿地自然保护区位于三江平原腹地，是中国最早建立的湿地保护区之一。1984 年被列为省级自然保护区，1996 年晋升为国家级自然保护区，并于 2002 年被国际湿地公约组织批准为国际重要湿地。保护区内水质优良，硅藻植物群落丰富，生物多样性显著。本研究首次系统记录了该湿地 128 种硅藻植物，并分析了其分布规律及与环境因子的关系。研究发现，洪河湿地水体整体处于贫营养至中营养状态，表明人类活动对该区域的生态干扰较小。通过典范对应分析（CCA）方法，揭示了溶解氧、水温和总氮等理化指标对硅藻群落结构变化的驱动作用，为湿地水质监测提供了科学依据。

　　扎龙湿地保护区则位于黑龙江省西部，是我国北方同纬度地区保存最完善、最原始的大型湿地之一。扎龙湿地不仅是重要的候鸟栖息繁殖地，还在生物多样性保护和生态调节中占据重要地位。本书系统调查了扎龙湿地的藻类植物群落结构，鉴定出 354 种藻类植物，涵盖绿藻、硅藻、蓝藻等多种门类。通过多元统计方法与地统计学分析，首次揭示了扎龙湿地表层水体重金属含量的空间分布特征及其健康风险。结果表明，扎龙湿地水体总体处于中营养状态，但部分区域存在中度污染风险，表明其生态系统面

1

临一定压力。本书进一步探讨了重金属因子对藻类群落分布的影响，为湿地污染治理与生态管理提供了关键数据支持。

本书结合现代生态学的研究方法，以藻类植物为切入点，系统分析了洪河湿地和扎龙湿地生态系统的结构与功能特征。研究采用了多种先进技术手段，包括典范对应分析（CCA）、地统计学方法和 Monte-Carlo 健康风险预测方法，全面阐述了湿地生态系统的驱动机制。这些研究成果不仅具有重要的科学价值，还为湿地生态保护和管理提供了宝贵的参考。

除了基础科学的意义，本书还具有显著的实际应用价值。一方面，研究成果为洪河湿地和扎龙湿地的水质监测和管理提供了科学依据，推动了区域湿地生态系统保护工作的深入开展；另一方面，通过揭示重金属污染的空间分布特征和生态健康风险，为污染治理和水资源的可持续利用提供了新的视角。此外，还对加强国际重要湿地的保护和推动湿地生态恢复提供了重要启示，为应对全球湿地危机贡献了科学依据。

湿地生态系统的保护与恢复是实现可持续发展的重要内容。本书旨在通过对洪河湿地和扎龙湿地的深入研究，呼吁社会各界关注湿地生态的可持续性，促进人与自然和谐共生。希望本书的研究成果能够为湿地生态保护的科学决策提供支持，为进一步探索湿地生态系统的奥秘铺平道路。

如今，全球对湿地生态系统的关注度与日俱增，旨在保护和恢复其生态功能，以应对气候变化、生物多样性丧失等挑战。本书对洪河湿地和扎龙湿地的研究成果，为当代湿地研究提供了重要的基础数据和分析视角。当下，研究人员可依据这些数据，开展长期对比监测，从而精准把握湿地藻类群落结构在自然演变和人为干扰下的动态变化，为制定科学的保护策略提供有力支撑。书中采用的典范对应分析、地统计学方法等，为现代湿地研究提供了成熟的技术范式。书中对藻类群落与环境关系的探讨，启发了后续在生态修复和生物监测方面的创新研究。本书的研究成果将持续发挥关键作用，推动湿地研究朝着多维度、跨学科的方向不断迈进，助力实现湿地资源的有效保护与可持续利用，为守护地球生态环境贡献重要力量。

张囡囡

2024 年 10 月

目　录

第 1 章　绪论

◆◇ 1.1　湿地的定义

　　我国湿地主管部门对湿地的定义采用 1971 年 2 月 2 日 18 个国家的代表在伊朗拉姆萨尔签订的一部全球性政府的湿地保护公约：《关于特别作为水禽栖息地的国际重要湿地公约》（简称《湿地公约》）。《湿地公约》采用广义的湿地定义，是指天然或人工的、长久或暂时性的沼泽地、湿原、泥炭地或水域地带，带有水体类型包括静止或流动的淡水、半咸水或咸水水体，以及低潮时水深不超过 6 m 的水域。

　　湿地较为综合的定义是美国鱼类和野生动物保护协会 1979 年提出的，也是科学家经过多年的考证所采纳的一个，即："湿地是处于陆地生态系统和水生生态系统之间的转换区，通常其地下水位达到或接近地表，或者处于浅水淹没状态，湿地必须具有以下几个特征之一：

　　（1）至少是周期性的以水生植物生长为优势；

　　（2）基质以排水不良的水成土为主；

　　（3）土层为非土质化土，并且在每年生长季的部分时间水浸或水淹。"

　　当前，这一定义发表在题为《美国的湿地和深水生境分类》的研究报告中，目前被许多国家的湿地研究者所接受[1]。

◆◇ 1.2　湿地在生态系统中的作用

　　湿地、海洋、森林并称为全球三大生态系统，孕育和丰富了全球的生物多样性，并且是人类最重要的生存环境之一。它不仅具有很强的调节地下水的功能，还可以有效地调节气候和净化水质，并且是水生动物、两栖动物、鸟类和其他野生生物的重要栖息地，因此被誉为"文明的发源地"、"地球之肾"和"生命的摇篮"。

1.2.1 改善空气和调节气候

湿地为植物群落物种丰富的生态系统，能够吸收大量的二氧化碳气体，并放出氧气，这对维持大气的动态平衡，减少温室效应起到了重大的作用，并且湿地中的一些植物还具有吸收空气中有害气体的功能，能有效调节大气组分。科学家研究表明，湿地固定了陆地生物圈35%的碳素，总量为770亿t，是温带森林的5倍，单位面积的红树林沼泽湿地固定的碳是热带雨林的10倍。湿地还可以调节局部小气候，湿地中的水分通过蒸发成为水蒸气，然后又以降雨的形式落回到周围地区，保持了当地的湿度和降雨量。

1.2.2 调蓄水量

湿地在补给地下水、调节江河径流、防岸固堤中起到了重要的作用。三江平原沼泽湿地的土壤，从下向上为母质层、潜育层、腐殖质层和草根层，其中腐殖质层和草根层颗粒很小，孔隙较大，具有较强的蓄水性和透水能力，是沼泽湿地调节水量最活跃的区域。三江平原沼泽和沼泽化土壤的草根层和腐殖质层，孔隙度为72%~93%，该层饱和持水量达到830%~1030%，它能保持大于其土壤本身重量3~9倍或更高的蓄水[2]。

1.2.3 净化水质

湿地具有很强的净化水质的功能，它有利于减缓水流的速度，促进沉积物沉降，还可以处理有毒有害的工业、农业和生活产生的废物、污水，因此湿地被人们喻为"地球之肾"。

1.2.4 生物多样性

湿地物种十分丰富，当之无愧地被称为"物种基因库"。我国的湿地植物有2760种，湿地栖息的动物约有1500种左右（不含昆虫、无脊椎动物、真菌和微生物），鱼类约1040种，其中淡水鱼约500种，占世界上淡水鱼类总数的80%以上。

1.2.5 生物栖息地

湿地复杂多样的植物群落，为野生动物尤其是一些珍稀或濒危野生动物提供了良好的栖息地，是鸟类、两栖类动物繁殖、迁徙、越冬的场所。如洪河湿地是东北亚候鸟南归北迁的重要停歇地和繁殖地，每年都有数以万计的候鸟迁徙到这里栖息和繁殖。

1.2.6　防浪固岸和保持水土

湿地中生长着多种多样的植物，这些湿地植被可以抵御海浪和风暴的冲击力，防止对海岸的侵蚀，同时它们的根系可以稳定堤岸和海岸，保护沿海工农业生产。湿地还可以减弱海浪的冲击力，使水中的泥沙沉积形成新陆地，热带和亚热带的红树林防止海岸侵蚀的作用最为明显，同时还具有防风的作用。

1.2.7　科普基地与生态旅游最佳场所

湿地以其丰富的湿地资源、良好的生态环境和独特的自然景观，吸引了众多热爱自然、热爱湿地的人们，为其提供了生态旅游的最佳场所。湿地野生动植物资源丰富，因此成为各大高校及科研院所的科普基地，洪河湿地就是中科院东北地理与农业生态研究所、黑龙江省科学院自然资源研究所、东北林业大学、哈尔滨工业大学等国家重点高校和科研院所的重要科普基地。

1.2.8　提供工业原料和能量

湿地为人类社会的工业发展提供食盐、天然碱、石膏等多种工业原料，以及硼、锂等多种稀有金属矿藏；湿地还有多种可用于工农业生产加工的生物产品，如造纸、饲料、药材、原料加工等，并且湿地有丰富的矿产资源，如泥炭是很好的燃料。

◆◇ 1.3　黑龙江湿地的分布与典型代表

黑龙江省位于中国东北地区，地处北纬 43°26′至 53°33′之间，地势以平原和山地为主，气候类型为寒温带至中温带大陆性季风气候，是中国湿地资源最为丰富的省份之一。根据《中国湿地资源调查报告》（第二次湿地调查），黑龙江湿地面积达 540 万 hm²，占全国湿地总面积的 8.96%。这些湿地主要分布于松嫩平原、三江平原和大小兴安岭地区，是亚洲重要的湿地分布区域之一，具有显著的生态价值和区域特色。

黑龙江湿地主要分为自然湿地和人工湿地两类。自然湿地包括河流湿地、湖泊湿地和沼泽湿地，其中以沼泽湿地面积最大，约占全省湿地总面积的70%。人工湿地主要为水库、稻田及人工养殖塘，因其面积较小，生态功能相对次要。

黑龙江湿地的典型代表包括以下几个重要区域：

洪河湿地自然保护区：位于三江平原地区，是黑龙江省面积较大的内陆沼泽湿地之一，以丰富的植物群落和鸟类栖息地闻名。洪河湿地内分布着大量的硅藻植物，其种类多样性和群落结构对湿地的水质指示功能具有重要意义。该湿地在保护迁徙候鸟（如东方白鹳、丹顶鹤等濒危物种）中发挥着关键作用。

扎龙湿地自然保护区：位于松嫩平原西部，是中国首批国际重要湿地之一。扎龙湿地以芦苇荡和苔草沼泽为主要植被类型，是丹顶鹤的繁殖栖息地，被誉为"丹顶鹤之乡"。其藻类植物群落丰富，且与湿地环境变量密切相关，对湿地水体的营养状态和健康状况具有显著的指示作用。

兴凯湖湿地：为中俄边境上的国际重要湿地之一，涵盖湖泊湿地和周边沼泽湿地，拥有大量水生植物和浮游生物资源，是东北亚地区的重要水鸟栖息地。

五大连池火山湿地：独特的火山地貌与湿地生态系统相结合，形成了典型的湖泊湿地景观，同时也是多种特有生物的重要栖息地。

黑龙江湿地资源的区域性分布特点与其独特的地理位置、气候条件及地质背景密切相关。这些湿地不仅在维持区域生态平衡和保护生物多样性方面具有重要作用，也为湿地水文、污染修复和生态系统管理等科学研究提供了理想平台。然而，近年来，受农业开发、城镇扩张和水资源过度利用等影响，黑龙江湿地面临面积缩减和生态功能退化的严峻挑战，亟须加大保护力度，制定科学的管理和修复措施。

◆◇ 1.4 国内外湿地研究现状

湿地是地球上重要的生存环境和生态系统，是介于陆地生态系统和水生生态系统之间的过渡带，由水体向陆地逐渐变化，并兼有两种系统的某些特征，它具有稳定环境、保护物种基因等功能，被誉为"自然之肾"、"生物基因库"和"人类摇篮"[3]。

由于湿地广泛分布在全球范围内，种类繁多，差异显著，并且湿地学是一门自身科学体系尚待完善的学科，湿地定义众说纷纭，很难给其确切的定义，目前已统计到的定义大约有 60 种[4]，但总的可以分为科学定义和管理定义两大类：科学定义可以概括为生态学、水文学、动力地貌学、景观学、泥炭地质学等[5]；管理定义的主要代表是《湿地公约》中的定义[6]。

目前，对于湿地概念的定义，各个国家比较认同的是《关于特别作为水禽栖息地的国际重要湿地公约》。公约内容指出，湿地是指无论任何原因所形成的天然或人工、长久性或暂时性的沼泽地、泥炭地、水域地带，静止或流动的淡水、半咸水、咸水，包括低潮时水深不超过 6m 的海水水域[7]。

湿地研究起源于对捕鱼、采盐以及泥炭的研究和利用[8]。湿地真正成为研究的对象，最早的著作可以认为是 J. 莱兰德（Leland）的旅行游记（1535—1543），他认为沼泽是从森林演变而来的[9]。自 1982 年起，对于湿地的研究引起了各个国家的高度重视。自 20 世纪 80 年代起，美国、加拿大等国家就在完成本国湿地调查、编目的基础上，将重点转向了湿地的分类、湿地的生态系统及其形成过程的研究，尤其对于湿地环境保护的人工控制极为重视。俄国、芬兰等国家在湿地演化与泥炭利用方面取得了令人瞩目的成绩。目前这几个国家正全力开展对湿地的生态保护和环境变化的研究。世界各地出台的计划和公约，如"国际湿地公约"及"人与生物圈计划"等都强化了对湿地的保护，由 Mitsch 和 Gosselink 合作撰写的 *Wetlands* 和由 Robert H. Kaddle 撰写的 *Treatment Wetlands* 代表了当代国际湿地理论综合研究的最高水平[10]。

我国的湿地研究是从 20 世纪 60 年代对沼泽研究开始的。20 世纪 80 年代以来，我国学者开始关注湿地问题，并引入和使用"湿地"这一概念[11]。对于湿地的研究近年来主要集中在生物学、环境学、海洋学、地学、水文学、林学等学科，但研究工作比较分散，无法形成一个整体。中国在湿地保护方面制定了湿地调查大纲及湿地保护行动计划，加强了对于湿地区域的分异、沉积动力学、湿地系统环境变化、湿地保护与可持续发展等方面的研究。陆健于 1990 年编著了《中国湿地》一书，这是我国首部湿地方志略，共简介了中国境内的 200 余块湿地。1992 年，我国成为《湿地公约》缔约国，另外还签署了《21 世纪议程》、《生物多样性公约》等，积极履行我国在湿地保护与合理开发利用方面的责任[12]。

近年来，对于湿地的研究几乎涵盖了生态与环境科学研究的各方面，对于湿地研究的内容也逐渐增多，领域逐步扩大。关于湿地的研究，国内外主要集中在对湿地的分类，湿地生物多样性，湿地生态过程研究，湿地退化与恢复研究，湿地生态系统健康与湿地评价，湿地遥感、地理信息系统与湿地景观生态制图等。

（1）湿地分类。湿地分类是从不同的角度对湿地进行分类，它是研究湿地的基础。湿地学术界尚没有一个公认的分类标准、体系与方案。目前对于湿地的分类方法共有两种：一种是湿地成因分类法；另一种是生态特征分类法。其中影响较大的分类系统，包括 Brinson 的 Cowardin 分类体系、水文地貌分类法、《湿地公约》分类系统、Tiner 和 Mitsch 的分类系统[13]。

（2）湿地生物多样性。当前，湿地生物多样性研究包括四个方面：物种多样性、遗传多样性、生态系统多样性以及景观多样性[14-15]。研究重点是对物种、遗传、生态系统多样性研究，判断濒危动植物的级别，分析湿地生物多样性降低的因素，进而采取有效的保护措施。Lefeuvre 等（2003）从生态系统功能角度对湿地多样性进行了研究[16]；Fall 等（2005）通过研究湿地的植被变化，说明了人类活动对湿地生态系统的影响[17]；Valiela 等（2004）研究表明了生物学控制对保护湿地的重要性[18]；O'Connell 等（2012）报道了土地利用及环境保护规划对美国半干旱平原的湿地植物空间分布模式和群落结构与功能的影响[19]。

（3）湿地生态过程研究。湿地生态过程研究是揭示湿地功能机理的关键，主要包括生物过程[20-21]、化学过程[22-23]和物理过程[24]。如 Roussel 等（2005）通过流变体模型解释了湿地特性和水流速度关系[25]；Barbero 等（2004）探讨了威尼斯礁湖古代和现代湿地形成和发育，还提出现代湿地的形成和侵蚀同时发生[26]；Watanabe 等（2012）分析了不同气候条件下腐殖质对湿地溶解性有机碳的贡献[27]；Bottari（2005）系统地研究了意大利 Ganzirri 湿地的生态进化，提出湿地进化过程中湿地植物的演替规律[28]。

（4）湿地退化与恢复研究。从系统生态学的角度讲，湿地生态恢复主要是将拟恢复的湿地生态系统按其原有的基础和特性设计成需要最少人工维持的系统。美国开展得较早，主要集中在沼泽、湖泊、河流的恢复上[29]；欧洲的一些国家（如瑞士、瑞典、丹麦、荷兰等）在湿地恢复研究方面也有很大进展[30]。如 Montalto 提出了 Piermont 湿地修复时的水文学问题[31]，

Balletto 等研究了美国新泽西岛冷水植物对该湿地的修复作用，并提出了恢复此湿地的基本方法[32-33]。我国湿地恢复研究工作开展得比较晚。20 世纪70 年代，中国科学院研究所首次对湖北地区污染程度较严重的水相和陆相环境进行了改良，并取得了较好的成果。随后长江中下游地区湖泊湿地及海岸环境的生态恢复研究逐渐展开，如安徽巢湖、江苏太湖、武汉东湖以及沿海滩涂等湿地[34-35]。

（5）湿地生态系统健康与湿地评价。湿地生态系统健康是指湿地能够提供特殊生态功能的能力和维持自身有机组织的能力，它可以在不良的环境中自动恢复[36]。湿地评价主要包括湿地功能、价值和湿地环境评价。有关学者提出了基于水文地貌学（HGM）的快速评价方法，这种评价方法被其他国家和地区采用[37]。如 Ladouche 等（2005）运用地球化学和水文学方法，说明了湿地和地下水的相互作用，阐明了湿地在地面水和地下水中的水文学功能[38]；Larson 等（1994）建立了适合美国的评价模型，以此作为颁发湿地开发许可证的标准[39]；Getachew 等（2012）对埃塞俄比亚某湿地中大型无脊椎及鸟类群落进行了生态评估[40]；Charman 等（1994）在湿地水文地貌分类体系的基础上提出了湿地生态系统功能五步评价方法[41]；汪爱华等（2003）通过选取斑块连接指数、扩展度和分布质心等模型，对三江平原沼泽湿地景观的空间格局进行了评价[42]。

（6）3S 技术在湿地研究中的应用。随着科技和社会的进步，新手段、新技术与新方法的应用成为湿地科学研究发展的动力，3S 技术广泛应用于湿地功能评价、湿地景观生态监测、湿地编目、湿地资源调查和湿地保护研究等方面[43]；Smith 等（1998）运用遥感技术对海岸湿地植被的季节性变化进行了研究[44]；Moreau 等（2003）采用雷达遥感获取高原湿地牧场优势种信息[45]；刘振乾等（2000）采用 3S 技术对黄河、三角洲和辽阳三角洲湿地资源进行比较研究[46]；刘晓曼等（2004）以 1986 年和 2000 年遥感影像作为信息源，在 RS 和 GIS 技术支持下，建立了湿地空间数据库，分析了东北地区湿地资源动态变化情况[47]。

◆◇ 1.5 国内外藻类植物研究进展

藻类植物是生态系统的重要参与者，是生态系统中物理、化学和生物过程的基本实践者，是水生生物链的初级生产者，也是水环境污染的指示者。国内外对藻类植物的研究主要集中在种类组成、环境因子及生态评价等方面[48-49]。

藻类植物的种类组成、数量变化及分布特征取决于其环境特征。Czerepko（2008）对森林湿地演替动态进行了研究，发现生境的变化会导致河滨地和沼泽地种类区系组成变化，河口湿地的主要藻类植物为硅藻植物、甲藻植物，其次为绿藻植物和金藻植物等[48]；韩国 Nakton 河口被鉴定的 276 种藻类植物中，97.5% 是硅藻植物和甲藻植物[49]；德国 Elbe、印度 Dharamtar 河口和比利时及荷兰 Schelde 河口湿地也出现了同样的藻类植物组成模式[50]；Devercelli 等（2013）研究了营养富集河流的藻类植物群落结构和维持因素[51]；Domingues 等（2012）报道了瓜迪亚纳河河口浮游植物组成、生长和繁殖[52]；王建辉等（2005）调查首曲湿地藻类植物发现，主要优势种类为硅藻植物、绿藻植物和蓝藻植物[53]；李秋华等（2007）对澳门滨海湿地藻类植物群落进行调查，结果表明藻类植物主要由硅藻植物、绿藻植物、蓝藻植物、裸藻植物组成[54]；Cardoso 等（2012）对潘塔纳尔湿地浮游植物丰度、生物量和多样性进行了研究[55]；西藏的巴嘎雪湿地春季硅藻植物数量最多，其次为蓝藻植物[56]；Arrigo 等（2012）分析了南极洲海洋冰及浮游植物的变化规律[57]；张菇春等（2006）对北京怀沙河、怀九河自然保护区进行调查，分析浮游植物种类组成、群落时空分布规律及污染指示藻类与水质的关系[58]。

藻类植物的生长繁殖与水生态环境因子有着密切的联系。Fleming-Lehtinen 等（2012）报道了波罗的海透明度长期变化和浮游植物对光衰减的作用[59]；吴琼等（2007）研究九段沙湿地藻类植物分布发现，藻类植物昼夜分布的状况是不同的，这是由于光照时间长短造成藻类植物繁殖缓慢[60]；Murkin 等（1992）对加拿大的内陆湿地进行研究发现，藻类植物生物量常低于淡水栖息地的藻类植物，这是由于被密集的挺水植物和沉水植物遮蔽，藻类植物在其生长季节所获得的光照大量减少[61]；Harding 等（1986）通过分析浮游植物的光合作用与光强函数，指出人类活动引发的富养化对河口生产力及生态系统稳定性的潜在影响[62]；Nogueira 等（2012）研究了大西洋东北岸浮游植物生长、温度、环境稳定性对桡足类多样性的影响[63]；Abreu 等（1994）通过对比颗粒态与溶解态浮游植物生产力的测量方法，指出不同水文条件与会类活动对方法适用性差异的调节作用[64]；Lundy 等（2012）研究磷肥对藻类以及水质的影响[65]；沈志良（1993）通过对长江水文、水化学及初级生产力的同步调查，发现透明度是近河口水域初级生产力的主要限制因素[66]；Franz 等（2012）进行了东太平洋热带受最低含氧带影响的浮游植物动力学及营养学特性研究[67]；Sebastia 等（2012）进行了西班牙地中海岸浅海港农业源输入湿地对浮游植物群落结构的影响研究[68]；Cronk 等（1994）通过对比四种新建淡水湿地发现，水文条件在人工湿地初期生态系统功能构建中的决定性作用[69]；Gayoso（1998）对河口长期观测，发现环境因子协同调控浮游指物群落动态[70]。

藻类作为水环境生态系统的重要组成部分，与水体营养状态有着密切的关系，可以对水体营养状态及外界条件的改变做出快速的反应，是水环境状况的直接体现者，因此被广泛用作水体营养状态的指示生物[71-73]。利用藻类植物监测和调控水质越来越引起国内外学者的关注。许多藻类植物被作为指示物种，对生态环境状况进行监测。据统计，用于指示水质的水生生物中，底栖动物约占 27%，藻类植物占 25%，居第二位。长期以来，研究者利用藻类植物群落在水体中的时空变化，对水质监测进行了大量的研究工作，并取得了具有重要意义的成果[74-76]。Zhou 等（2008）对污染水体分析表明，生物监测可应用于水体的生物降解、金属污染、毒性预测等过程，并且应用前景广阔[77]；Bozarth 等（2009）研究硅藻在生物技术中的多功能应用，探讨了基于硅藻生物特性开发的现代分子工具及其在生物材料合成、药物开发及环境监测等领域的实线价值[78]；Coutinho 等（2012）利用藻类植物对半封闭咸水湖的水体质量进行了监测[79]；Enache 等（2002）对加拿大魁北克 42 个湖的研究中，利用硅藻推测出 pH、TP 和 COD 的模型[80]；Pappas（2010）运用典型对应分析方法研究了藻类植物群落结构与环境因子、营养状态的关系[81]；Rimet 等（2009）对法国东北部河流的硅藻植物形态进行全面和系统的研究，并利用其群落结构的变化反映出水质的变化[82]。

我国学者自 20 世纪 80 年代利用低等植物对河流水质状态进行监测和评价。如沈韫芬等（1999）利用监测指标，如细胞结构、群落数量、形态和动态、群落结构和功能等，反映水体的污染情况[83]；栾青杉等（2007）通过对长江口水域生物、水文和化学综合嵌套式调查结果的分析，表明影响长江口区域物种分布最重要的因素是入海时形成的营养盐梯度以及长江水入海携带的泥沙，透明度、硝酸盐和硅酸盐是影响浮游植物分布的主要环境因素[84]；高亚辉等（2003）对长江口浮游植物群落结构与环境因子进行了典型性分析，探讨了影响浮游植物分布的主要环境因子[85]；王瑜等（2011）应用营养状态指数法和优势种评价法对白洋淀的营养状态进行评价，结果显示白洋淀多数水体处于富营养状态[86]；董旭辉等（2006）在相关性分析及冗余分析的基础上，将藻类植物与理化变量进行了典型对应分析（CCA），用以解决湖泊环境问题[87]；高彩凤等（2012）通过北运河水系藻类植物和水质调查，分析藻类植物种类组成、生物量、密度和多样性指数以及理化因子，评价了北运河水质现状[88]；沈会涛等（2008）对白洋淀藻类植物多样性及环境相关性进行分析，研究发现影响种类群落分布的主要因子是酸碱度和溶解氧[89]。

国内外学者利用藻类生物学评价方法监测水环境得到广泛应用，然而利用藻类植物评价水质状态存在着一些问题，例如藻类植物的生长不仅受到水环境中理化因子的影响，同时生物因素对藻类植物的影响也较大；另一方面，各种统计软件的应用，导致分析结果不一致。因此，需要多个指标相结合对水环境质量进行评价[90-91]。

◆◇ 1.6 洪河自然保护区的自然概况及硅藻植物研究

1.6.1 地理位置

洪河自然保护区位于黑龙江省东北三江平原腹地，地跨同江、抚远两个行政区域，与洪河、前锋、鸭绿河三个农场接壤，地理坐标为东经 133°34′38″~133°46′29″，北纬 47°42′18″~47°52′00″。总面积为 21835hm²，其中包括核心区面积 7000hm²，实验区面积 2000hm²，缓冲区面积 12835hm²。保护区是 1984 年经黑龙江省人民政府批准建立的省级自然保护区，1996 年 11 月经国务院批准晋升为国家级自然保护区。2002 年 1 月被国际湿地公约组织批准为国际重要湿地。

1.6.2 地形地貌

黑龙江省洪河国家级自然保护区为三江冲沉积平原，地势平坦，西南高，东北低，相对高度差3m，由西南向东北呈微倾斜。地面坡降为1/5000～1/10000，根据地形部位高低分为阶地和河漫滩两个类型。（1）一级阶地：在保护区内面积大，无任何切割现象。地表覆盖5.65～14.5m黏土、亚黏土，阶地内多沼泽洼地，黏土沿浓江河右岸地形局部隆起，相对高差1～1.2m。（2）低河漫滩：分布在浓江河、沃绿兰河两侧，呈条状、蝌蚪状分布，与一级阶地接壤，河漫滩由重沼泽组成。

1.6.3 气候条件

洪河湿地保护区属于三江沿江温带湿润气候，具有典型的季风气候，冬季漫长，多雪严寒，春季多风少雨，夏季严热，秋季短暂，年平均气温为1.9℃，最冷月份平均气温为-23.4℃，最热月份平均气温为22.4℃，极端最低气温为-39.1℃，极端最高气温为40℃，日照时数为2365小时。年平均降水量为585mm，大部分降雨集中在7～9月，暴雨多集中在夏季，最大日降暴雨量可达75mm以上。区内全年多西北风，年平均风速为4级，最大风速可达24m/s。全年冻结期为7个月左右，沼泽植被冻层深80～160cm，最大冻土深2.0～2.2m。

1.6.4 水文特征

保护区西部和北部以浓江河道及防洪堤为界，与洪河农场，鸭绿江农场相邻；东部以浓江一干渠为界，衔接前锋农场，南部至农江二十四干渠，与洪河农场，前锋农场毗邻。流经洪河湿地保护区的主要河流为浓江，浓江为平原沼泽性河流，属于黑龙江省的一级支流，浓江发源于青龙山农场东部湿地，自西向东穿过洪河湿地，全长116m，在洪河湿地内长25.7km，全流域面积2630km²，在区内面积为284 km²，占全流域面积的11%，在雨季或丰水年，河水畅通，最终汇入黑龙江。

1.6.5　土壤

保护区的土壤主要有白浆土和沼泽土两个类型。白浆土分为岗地白浆土、草甸白浆土和潜育白浆土三个亚类，白浆土面积为 11311.18hm²，占总面积的 51.8%，分布在岛状林下，黑土层 10～20cm。沼泽土分为腐殖质沼泽土和泥炭沼泽土两个亚类，面积为 6419hm²，占总面积的 29%，该类土壤分布在浓江、沃绿兰河两侧及鱼眼泡子、洼地上。

1.6.6　动植物资源

保护区内有高等植物 103 科 1012 种，其中种子植物 719 种，蕨类植物 31 种，地衣、苔藓植物 262 种；国家珍稀濒危植物 6 种，如野大豆、刺五加、胡桃秋、水曲柳等。另有许多植物可供药用、食用或作为蜜源。共有 11 个种类：药用植物有 253 种，如五味子、黄芪、龙胆等；果品植物有 19 种，如山葡萄、榛子、刺五加等；饲料植物有 54 种，如小叶樟、毛果苔草等；山野菜植物有 9 种，如短毛白芷、蒲公英等；纤维植物有 54 种，如芦苇等；油脂植物有核桃楸、野豌豆等；植物性农药类有升麻、藜、棉团绣线莲等；芳香油类有铃兰、益母草、艾蒿、菖蒲等；鞣科类有白头翁、狼毒等；蜜源植物主要有毛水苏、椴树等。

保护区有脊椎动物 5 纲 30 目 71 科 178 属 284 种，国家一级保护动物 12 种，如梅花鹿等，二级保护动物 40 种，如马鹿、猞猁、黑熊等。鸟类 80 余种，珍贵鸟类有天鹅、丹顶鹤、灰鹤、细嘴松鸡等。鱼类 4 目 6 科 23 属 25 种，主要有大马哈鱼、哲罗鱼、细鳞鱼、江鳕等。两栖类 2 目 4 科 5 属 8 种。爬行动物 1 目 3 科 3 属 3 种。

1.6.7　洪河湿地硅藻植物研究

对三江平原的科学研究始于 20 世纪 60 年代[92]。目前对洪河湿地保护区的研究多集中在高等植物方面，如朱宝光等（2006）对该区域芦苇沼泽植物多样性进行了研究[93]。迄今为止，对该区域低等植物的研究未见报道。

◆◇ 1.7　扎龙自然保护区的自然概况及硅藻植物研究

1.7.1　地理位置

扎龙自然保护区地理坐标 46°52′N～47°32′N，123°47′E～124°37′E。它位于我国黑龙江省西部，齐齐哈尔市东南部，它是双阳河流至下游、嫩江支流乌裕尔河失去明显河道，河水漫溢形成大面积的永久性和季节性淡水沼泽地。保护区行政区包括齐齐哈尔市昂昂溪区、铁锋区、富裕县、泰来县及大庆市林甸县、泰康县交界区域，总面积 2100km²。根据生态环境和功能，将其划分为 3 个区：核心区、缓冲区和实验区[94]。扎龙自然保护区是中国最大的鹤类等大型水禽为主体的珍稀鸟类和湿地生态类型国家级自然保护区，1979 年经黑龙江人民政府批准设立，1987 年经国务院批准升级为国家级自然保护区，1992 年被《湿地公约》列入国际重要湿地名录，在世界珍稀水禽保护和繁育中占有重要地位[95-96]。

1.7.2　气候条件

扎龙自然保护区地处中温带，属大陆性季风气候，其气候特点主要是冬季寒冷漫长，春季干燥风大，夏季炎热多雨，秋季凉爽霜早。年平均气温 3.5℃，最冷月份为 1 月（平均气温-19.2℃），最热月份为 7 月（平均气温 22.8℃）。年平均降水量 420mm，7～9 月的降水量占全年降水量的 70%。年平均风速为 3.5m/s，风速最大的月份为 4 月，平均风速为 4.6m/s，多为偏南风，风速最小的月份为 12 月和 1 月，平均风速为 2.7m/s，多为西北风。年平均蒸发量为 1489mm，其中 5 月最大，平均蒸发量为 279mm，最小为 1 月，其平均蒸发量为 11mm[97-98]。

1.7.3　水文特征

扎龙自然保护区位于黑龙江省西部，齐齐哈尔市东南部，是嫩江支流乌裕尔河、双阳河河流至下游，失去明显河道，河水漫溢形成大面积永久性和季节性淡水沼泽地，两条河流均为"无尾河"，河水漫散。乌裕尔河发源于小兴安岭，流至扎龙自然保护区后，河水冲击作用增强，曲道十分发达。河水流出东汉潭后，漫溢于"闭流区"的洼地，形成面积广阔的湿地和芦苇沼泽。河道则隐藏于湖沼芦苇塘中。而未被流水沉积物填满的局部洼地，则形成为大小不规则的湖、泡。

1.7.4 动植物资源

扎龙自然保护区的生物丰富多样，其中，兽类有5目12科37种，鸟类有16目48科265种，昆虫类有11目65科277种，爬行类有3目4科6种，两栖类有2目4科6种，鱼类有6目9科51种[99]。扎龙自然保护区是中国最大的鹤类等大型水禽为主体的珍稀鸟类和湿地生态类型国家级自然保护区，共记录有国家级保护鸟类41种，其中，国家一级保护鸟类7种、国家二级保护鸟类34种[100]。

扎龙自然保护区的植被分为草甸草原、草甸植被、沼泽植被和水生植被四种类型，植物种类以芦苇（*Phragmites communis*）、针茅（*Stipa grandis*）、羊草（*Leymus chinensis*）、香蒲（*Typha orientalis*）等为优势种。草甸草原植被主要是羊草（*Leymus chinensis*）和莎草组成的优势群落；草甸植被主要以狼尾草（*Pennisetum alopecuroides*）草甸和星星草（*Puccinellia tenuiflora*）草甸为主；沼泽植被主要以芦苇群落、漂筏薹草（*Carex pseudocuraica*）群落及毛果薹草（*Carex lasiocarpa*）、乌拉薹草（*Carex meyeriana*）群落为主。芦苇群落是该保护区面积最大、分布最广的植被类型，常形成单优势群落；水生植物主要以绿藻属（*Chlorella*）、硅藻属（*Bacillaria*）、金鱼藻（*Ceratophyllum demersum*）、黑藻（*Hydrilla verticillata*）、芦苇（*Phragmites communis*）、香蒲（*Elsholtzia pygmaea*）为主[101-104]。

1.7.5 社会经济概况

社会经济主要包括经济结构，区域GDP总量和发展速度，城市化水平、人口数量、结构、分布等因素。在扎龙湿地的周边地区，主要分布有齐齐哈尔市建华区、龙沙区、富拉尔基区、铁锋区、克山县、克东县等，总面积约为4246900hm²。从行政区看，扎龙湿地保护区涉及4县2区所属的14个乡镇56个村屯，还有一些渔场、养殖场等，如齐市种蓄场、克钦湖渔场、南山湖渔场、巨浪牧场、齐市芦苇公司等[105]。

在人口数量上，扎龙湿地保护区涉及14个乡镇，总人口为25.9万，其中大部分居住在保护区的外围，保护区内有人口2.9万，其中核心区共有10个自然村屯，人口约3800。在交通和通信上，保护区外部交通较为方便。

齐齐哈尔通往全国各地的交通网已形成。保护区所在地离齐齐哈尔市仅26km，其东南方是新兴的大庆石油化工城，西面则是呼伦贝尔市海拉尔和中俄边境的满洲里口岸。近年来该保护区已形成哈尔滨—大庆—齐齐哈尔—海拉尔夏季观鸟等旅游线路，具有良好的发展前景[106]。

1.7.6 扎龙湿地藻类植物研究

目前，对扎龙湿地水环境的研究主要集中在动植物、气候变化、需水补水、土地利用、开发利用与管理对策等方面，如孙砳石等（2001）以典型河段为研究对象，建立空间净化模型，分析影响湿地净化效率的主要因素，为湿地水环境恢复工作提供科学依据[107]；王永洁等（2006）对扎龙湿地水环境可持续性度量进行研究，运用多种方法研究水体状况的变化趋势，衡量扎龙湿地可持续发展的状况[108]；李波等（2002）运用模糊数学方法对扎龙生态状况予以评价，根据扎龙生态系统的特点、历年变化情况、扎龙湿地的现状及《地面水环境质量标准》（GB 3838—88）确定评价指标，结合有关专家建议确定相应权重系数，评价扎龙湿地生态综合状况为三级[99]；周林飞等（2005）对半个世纪以来扎龙湿地生态系统退化现象进行研究，针对退化原因提出了恢复措施[109]；戴向前等（2007）总结了湿地水文状况及生物种群变化规律，基于湿地的中心区及活动区，开展了湿地最小生态需水、适宜生态需水计算方法研究，并以扎龙湿地为例，利用45年月降水蒸发资料及遥感影像解译资料，得出扎龙湿地最小生态需水量为1.06亿 m^3，估算适宜生态需水量为2.34亿 m^3，为扎龙湿地的生态安全管理提供参考[110]；彭璇等（2007）分析评价了补水给扎龙湿地带来的生态修复效应，并提出以科学发展观来保护湿地的理念[111]；张囡囡等（2012）运用高光谱遥感对扎龙湿地克钦湖富营养化状态进行评价[112]。

对扎龙湿地藻类植物的研究较少，主要以群落组成为主，赵旭等（2008）调查表明，湿地内水环境中藻类植物共有8门73属，其中，绿藻门35属，硅藻门19属，优势种为蓝藻门的鞘丝藻和微囊藻[113]；周晏敏等（1993）应用浮游植物对扎龙湿地水质进行调查，发现该湿地的浮游植物共有8门60属，数量在 $1.95 \times 10^6 \sim 23.76 \times 10^6$ 个/升，水质属于中度污染[114]；王泽斌等（2011）对于扎龙湿地的研究指出，该湿地浮游植物共60个分类单位，为蓝藻-绿藻优势型，水质处于中营养状态[115]；李晶等（2012）对扎龙湿地夏秋水体中浮游植物的群落结构进行分析，共发现243个分类单位，属于8门82属，藻类植物研究表明扎龙湿地总体处于贫中营养状态[116]。但扎龙湿地藻类植物群落结构与环境因子的相关性在 2009 年之前鲜有报道。

◆◇ 1.8 本书对当下及未来研究的贡献

本书的研究成果在当下具有多方面的重要价值。在湿地生态系统监测方面，其对洪河湿地和扎龙湿地藻类群落的详细研究，为构建长期、动态的监测体系提供了关键的初始数据。借助这些数据，科研人员能够更精准地把握湿地生态系统在时间尺度上的变化趋势，及时察觉由气候变化、人类活动等因素引发的生态系统微小变动，进而为早期预警和干预提供有力支持。例如，通过对比当前与本书研究时期的藻类群落结构变化，可直观了解湿地生态系统的演变方向，评估生态保护措施的成效。

从生态修复角度来看，书中对藻类群落与环境因子关系的剖析，为制定科学合理的湿地修复策略奠定了坚实基础。明确了影响藻类群落分布的关键环境因素，就能够针对性地调整湿地的环境条件，如改善水质等，以促进有益藻类的生长繁殖，恢复湿地生态系统的结构和功能。同时，研究中所采用的方法和思路，也为其他类似湿地的生态修复工作提供了可借鉴的范例，推动了湿地修复技术的发展和应用。

在未来研究中，本书成果将发挥重要的作用。在多学科融合研究趋势下，其为湿地生态系统与其他学科的交叉研究提供了丰富素材。例如，结合微生物学研究藻类与微生物之间的相互作用，探索它们在物质循环和能量流动中的协同机制；与地球化学相结合，深入分析湿地中元素的迁移转化规律及其对藻类群落的影响。这将有助于全面揭示湿地生态系统的复杂性和内在运行机制，拓展湿地研究的深度和广度。

随着全球对湿地保护重视程度的不断提高，本书对湿地藻类群落的研究成果，能够为国际湿地保护合作提供重要参考。不同国家的湿地在生态特征上存在差异，但藻类作为湿地生态系统的重要组成部分，其研究成果具有一定的通用性。通过分享本书的研究经验和成果，可以促进各国在湿地保护技术、管理策略等方面的交流与合作，共同推动全球湿地保护事业的发展。

第2章 洪河湿地藻类植物群落结构特征及环境相关性研究

◆◇ 2.1 洪河湿地保护区的硅藻植物

2.1.1 引言

笔者分别于2007年5月至10月和2008年5月至10月对洪河湿地保护区进行采集，共设8个采样点，采集标本149号，共鉴定硅藻植物128个分类单位，包括102种24变种3变型，隶属于2纲5目11科22属。中心纲1目1科3属；羽纹纲4目10科19属，其中羽纹藻属（*Pinnularia*）19种4变种，占总种数的17%，异极藻属（*Gomphonema*）12种7变种1变型，占总种数的15%，短缝藻属（*Eunotia*）14种4变种，占总种数的14%，舟形藻属（*Navicula*）13种2变种，占总种数的11%，菱板藻属（*Hantzschia*）6种1变种1变型，占总种数的6%，桥弯藻属（*Cymbella*）7种，占总种数的5%，菱形藻属（*Nitzschia*）5种1变型，占总种数的5%；其他15属31种5变种，占总种数的27%（图2-1）。部分分类单位见图版Ⅰ-Ⅸ。种类名录及分布见附录1。

2.1.2 采样点设置

根据洪河湿地保护区的自然情况，结合GPS卫星定位系统，在自然保护区共设置8个采样点。1~4号采样点设置在洪河自然保护区内118km处（经纬度见图2-2），5~8号采样点设置在洪河自然保护区内135km处（经纬度见图2-2），标本采集记录表见附录2，自然保护区位置如图2-2，图2-3所示。

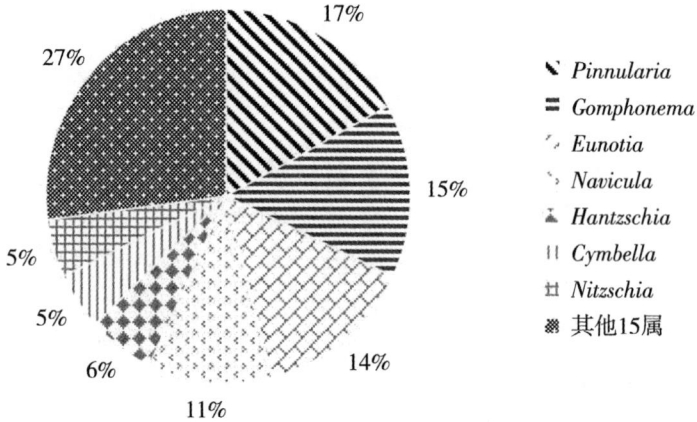

图 2-1　硅藻属种组成

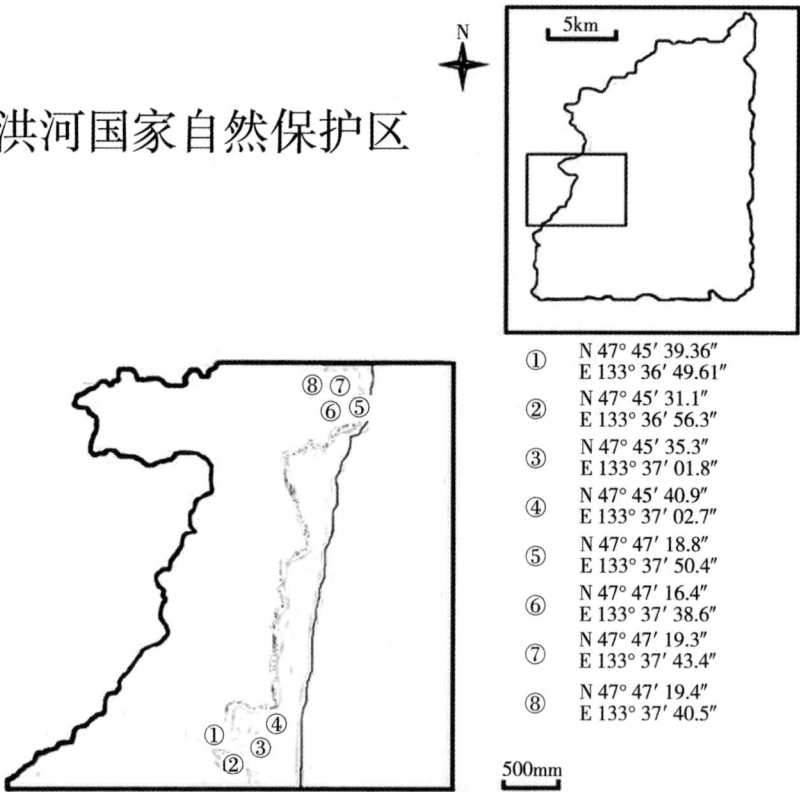

图 2-2　洪河自然保护区采样点示意图

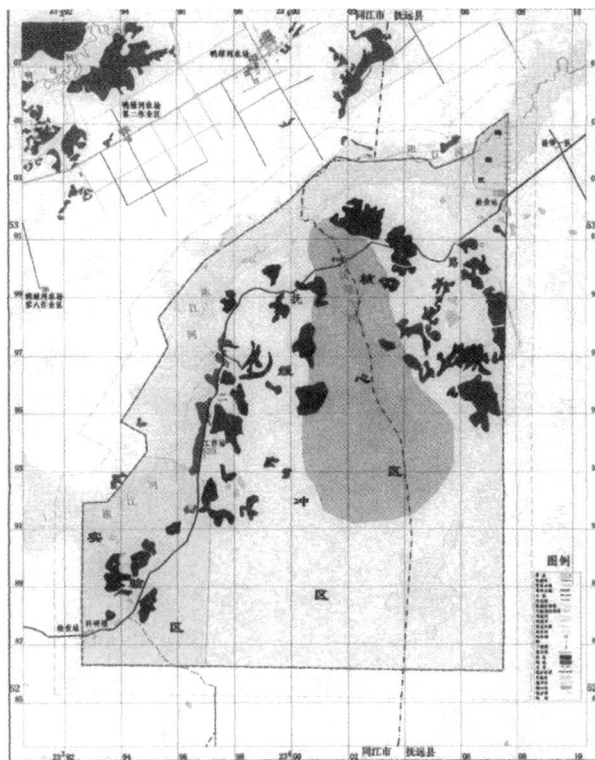

图 2-3　洪河湿地保护区区划图

2.1.3　硅藻标本的采集

一般可以把硅藻分为两大类：浮游硅藻和着生硅藻。不同的生境采用不同的采集方法。

2.1.3.1　着生硅藻的采集

对于生长在其他植物上的硅藻，一般用镊子或手取下硅藻附近的植物，附着在石头上的硅藻，常用小刀刮取，着生在土壤上的硅藻，最好用刀铲少带泥土一同取回。

2.1.3.2　浮游硅藻的采集

在较宽较深的水体中，一般用不同型号的浮游网作"8"字形巡回缓慢拖动捞取。同一水体中最好在不同位置和不同深度捞取，然后滤出上清液，把带有一些沉淀的水样放入标本瓶中。在小水体或浅水体中，不可以用浮游网来捞取的，最好用器皿捞取，注入网中过滤。如果在湿地中水体较浅、水生植物较多的地方，用标本瓶直接捞取水样，然后用镊子摘取水体附近的植物在标本瓶中搅洗。

2.1.4 硅藻标本的保存

将采集的标本注入标本瓶中，马上用鲁戈氏碘液（Lugol solution）固定保存，摇匀即可。然后在标本瓶上用较软的铅笔（2B 或 HB）或记号笔写上标签，标签上注明采集时间及编号，同时在采集本上记录与其对应的采集时间、地点及生境。

2.1.5 硅藻标本装片的制作

2.1.5.1 实验材料

硅藻标本，98%浓硫酸，70%浓硝酸，95%酒精，二甲苯，加拿大树胶，试管，试管夹，胶头滴管，酒精灯，载玻片，盖玻片，镊子。

2.1.5.2 实验方法

硅藻种类的鉴定主要是依据硅藻壳的形态及壳面上的花纹。为了能看清楚硅藻壳上的花纹，在鉴定种类之前，硅藻标本需经过处理，将其内含物（主要是有机质）除去。酸处理方法[117]的具体操作步骤是：

（1）用吸管吸取硅藻少量标本放入小玻璃试管中；

（2）加入与标本等量的浓硫酸；

（3）然后慢慢滴入与标本等量的浓硝酸，此时即产生褐色气体；

（4）在酒精灯上微微加热直至标本变白，液体变成无色透明为止；

（5）等待标本冷却后，将其沉淀；

（6）吸出上层清液，加入几滴重铬酸钾饱和溶液；

（7）将标本沉淀后，吸出上层清液，用蒸馏水重复洗 4~5 次，每次吸出时必须使标本沉淀，吸出上层清液；

（8）吸出上层清液后，加入几滴 95%的乙醇；

（9）将标本取出，放在盖玻片上，并在酒精灯上烤干；

（10）在烤干后的盖玻片上加一滴二甲苯，随即加一滴封片用的胶（如加拿大树胶等），然后将有胶的这一面盖在载玻片正中；

（11）等到胶风干后，即可在显微镜下观察。

2.1.6 硅藻标本的处理与鉴定

将定量样品摇匀后，用0.1mL的吸管迅速取样，在一种特定的浮游生物计数框（Palmer Counting Cell）内计数，选取20~40个视野，所选样品均重复鉴定两次，有效统计数值取平均数后作为该片的硅藻数量。计算结果为硅藻密度，用单位体积内硅藻个体数表示。对于较难判断硅藻个数的群体，则任选20个分类单位在高倍镜下观察，统计硅藻个体数取平均值。

硅藻标本的观察在Olympus BH-2显微镜下进行。硅藻的鉴定主要依据Foged、Hustedt、Germain、Patrick & Reimer、Krammer、Langela-Bertalot、朱蕙忠、胡鸿钧等有关著作。部分种类相关的生态信息主要依据Krammer、Langela-Bertalot、Gasse等著作[118-148]进行系统分类与研究。

2.1.7 两年间各采样点的硅藻群落组成特点

地球上凡是有水滞留的地方，小至由雨水积累成小水坑，大至占地球表面71%的海洋，几乎都能看到硅藻的踪迹[149]。环境变量变化影响硅藻群落的分布，而硅藻群落的分布也体现出环境因子的状况，它们是相互影响，相互作用的。笔者结合GPS卫星定位系统，在洪河湿地保护区共设置8个采样点（图2-2）。其两年的种类分布的生态信息情况见表2-1。

表2-1 不同采样点硅藻植物种类生态信息表

生态类型	种类数量	采集点							
		I	II	III	IV	V	VI	VII	VIII
耐盐程度	寡盐	31	30	29	28	31	29	31	27
	中盐	2	5	1	1	2	1	3	1
	适盐	4	5	1	3	5	4	5	3
pH值	嗜酸	4	5	5	4	2	5	4	4
	微酸	19	17	17	20	21	19	19	19
	中性	8	8	7	8	7	7	6	8
	微碱	17	19	17	18	19	17	16	17
	嗜碱	1	2	2	2	2	2	1	2
矿物质	高矿物质	5	6	5	5	5	5	6	6
	低矿物质	11	12	11	12	13	12	13	12

表2-1(续)

生态类型	种类数量	采集点							
		I	II	III	IV	V	VI	VII	VIII
营养化水平	贫营养	4	3	5	3	4	3	4	4
	中营养	2	2	3	1	3	2	3	3
	富营养	0	1	1	0	1	1	1	1
淡水普生种		43	48	47	48	49	46	49	48
湖泊、溪流、池塘、江河常见种		26	24	23	25	25	27	27	25
冷水种		15	17	16	13	13	14	16	14
高原山区种		1	1	1	1	1	1	1	1

2.1.7.1　2007年硅藻种类的组成特点

(1) 采样点 I 硅藻植物的种类组成特点。

采样点 I 共鉴定硅藻植物75种21变种2变型，共98个分类单位。其中：

寡盐31个分类单位，中盐2个分类单位，适盐4个分类单位；

嗜酸4个分类单位，微酸19个分类单位，中性8个分类单位，微碱17个分类单位，嗜碱1个分类单位；

高矿物质5个分类单位，低矿物质11个分类单位；

普生种43个分类单位；

湖泊、溪流、池塘、江河常见种26个分类单位；

冷水种15个分类单位；

高原山区种1个分类单位。

(2) 采样点 II 硅藻植物的种类组成特点。

采样点 II 共鉴定硅藻植物80种21变种2变型，共103个分类单位。其中：

寡盐30个分类单位，中盐5个分类单位，适盐5个分类单位；

嗜酸5个分类单位，微酸17个分类单位，中性8个分类单位，微碱15个分类单位，嗜碱2个分类单位；

高矿物质6个分类单位，低矿物质12个分类单位；

普生种48个分类单位；

湖泊、溪流、池塘、江河常见种24个分类单位；

冷水种 17 个分类单位；

高原山区种 1 个分类单位。

（3）采样点Ⅲ硅藻植物的种类组成特点。

采样点Ⅲ共鉴定硅藻植物 81 种 20 变种 1 变型，共 102 个分类单位。其中：

寡盐 29 个分类单位，中盐 1 个分类单位，适盐 5 个分类单位；

嗜酸 5 个分类单位，微酸 17 个分类单位，中性 7 个分类单位，微碱 17 个分类单位，嗜碱 2 个分类单位；

高矿物质 5 个分类单位，低矿物质 11 个分类单位；

普生种 45 个分类单位；

湖泊、溪流、池塘、江河常见种 23 个分类单位；

冷水种 16 个分类单位；

高原山区种 1 个分类单位。

（4）采样点Ⅳ硅藻植物的种类组成特点。

采样点Ⅳ共鉴定硅藻植物 77 种 19 变种 2 变型，共 98 个分类单位。其中：

寡盐 28 个分类单位，中盐 1 个分类单位，适盐 3 个分类单位；

嗜酸 4 个分类单位，微酸 20 个分类单位，中性 8 个分类单位，微碱 17 个分类单位，嗜碱 1 个分类单位；

高矿物质 5 个分类单位，低矿物质 11 个分类单位；

普生种 48 个分类单位；

湖泊、溪流、池塘、江河常见种 25 个分类单位；

冷水种类 13 个分类单位；

高原山区种类 1 个分类单位。

（5）采样点Ⅴ硅藻植物的种类组成特点。

采样点Ⅴ共鉴定硅藻植物 88 种 22 变种 2 变型，共 112 个分类单位。其中：

寡盐 31 个分类单位，中盐 2 个分类单位，适盐 5 个分类单位；

嗜酸 2 个分类单位，微酸 21 个分类单位，中性 7 个分类单位，微碱 15 个分类单位，嗜碱 2 个分类单位；

高矿物质 4 个分类单位，低矿物质 13 个分类单位；

普生种 49 个分类单位；

湖泊、溪流、池塘、江河常见种 24 个分类单位；

冷水种 12 个分类单位；

高原山区种 1 个分类单位。

（6）采样点Ⅵ硅藻植物的种类组成特点。

采样点Ⅵ共鉴定硅藻植物 76 种 22 变种 2 变型，共 100 个分类单位。其中：

寡盐 28 个分类单位，中盐 1 个分类单位，适盐 3 个分类单位；

嗜酸 3 个分类单位，微酸 17 个分类单位，中性 5 个分类单位，微碱 16 个分类单位，嗜碱 1 个分类单位；

高矿物质 4 个分类单位，低矿物质 12 个分类单位；

普生种 43 个分类单位；

湖泊、溪流、池塘、江河常见种 27 个分类单位；

冷水种 14 个分类单位；

高原山区种 1 个分类单位。

（7）采样点Ⅶ硅藻植物的种类组成特点。

采样点Ⅶ共鉴定硅藻植物 87 种 24 变种 2 变型，共 113 个分类单位。其中：

寡盐 31 个分类单位，中盐 3 个分类单位，适盐 2 个分类单位；

嗜酸 2 个分类单位，微酸 19 个分类单位，中性 5 个分类单位，微碱 15 个分类单位，嗜碱 1 个分类单位；

高矿物质 6 个分类单位，低矿物质 13 个分类单位；

普生种 49 个分类单位；

湖泊、溪流、池塘、江河常见种 27 个分类单位；

冷水种 16 个分类单位；

高原山区种 1 个分类单位。

（8）采样点Ⅷ硅藻植物的种类组成特点。

采样点Ⅷ共鉴定硅藻植物 72 种 22 变种 2 变型，共 96 个分类单位。其中：

寡盐 27 个分类单位，中盐 1 个分类单位，适盐 3 个分类单位；

嗜酸 4 个分类单位，微酸 17 个分类单位，中性 8 个分类单位，微碱 16

个分类单位，嗜碱 2 个分类单位；

高矿物质 4 个分类单位，低矿物质 11 个分类单位；

普生种 43 个分类单位；

湖泊、溪流、池塘、江河常见种 24 个分类单位；

冷水种 14 个分类单位；

高原山区种 1 个分类单位。

2.1.7.2   2008 年硅藻植物的组成特点

（1）采样点 I 硅藻植物的种类组成特点。

采样点 I 共鉴定硅藻植物 72 种 19 变种 2 变型，共 93 个分类单位。其中：

寡盐 25 个分类单位，中盐 1 个分类单位，适盐 2 个分类单位；

嗜酸 3 个分类单位，微酸 15 个分类单位，中性 6 个分类单位，微碱 14 个分类单位，嗜碱 1 个分类单位；

高矿物质 4 个分类单位，低矿物质 10 个分类单位；

普生种 42 个分类单位；

湖泊、溪流、池塘、江河常见种 25 个分类单位；

冷水种 15 个分类单位；

高原山区种 1 个分类单位。

（2）采样点 II 硅藻植物的种类组成特点。

采样点 II 共鉴定硅藻植物 80 种 27 变种 2 变型，共 109 个分类单位。其中：

寡盐 28 个分类单位，中盐 1 个分类单位，适盐 5 个分类单位；

嗜酸 5 个分类单位，微酸 17 个分类单位，中性 7 个分类单位，微碱 19 个分类单位，嗜碱 2 个分类单位；

高矿物质 5 个分类单位，低矿物质 12 个分类单位；

普生种 42 个分类单位；

湖泊、溪流、池塘、江河常见种 25 个分类单位；

冷水种 14 个分类单位；

高原山区种 1 个分类单位。

（3）采样点 III 硅藻植物的种类组成特点。

采样点 III 共鉴定硅藻植物 82 种 20 变种 2 变型，共 104 个分类单位。其中：

寡盐 27 个分类单位，中盐 1 个分类单位，适盐 4 个分类单位；

嗜酸 4 个分类单位，微酸 16 个分类单位，中性 7 个分类单位，微碱 17 个分类单位，嗜碱 1 个分类单位；

高矿物质 4 个分类单位，低矿物质 10 个分类单位；

普生种 47 个分类单位；

湖泊、溪流、池塘、江河常见种 25 个分类单位；

冷水种 16 个分类单位；

高原山区种 1 个分类单位。

（4）采样点Ⅳ硅藻植物的种类组成特点。

采样点Ⅳ共鉴定硅藻植物 80 种 26 变种 2 变型，共 108 个分类单位。其中：

寡盐 25 个分类单位，中盐 1 个分类单位，适盐 3 个分类单位；

嗜酸 3 个分类单位，微酸 15 个分类单位，中性 6 个分类单位，微碱 18 个分类单位，嗜碱 2 个分类单位；

高矿物质 4 个分类单位，低矿物质 12 个分类单位；

普生种 46 个分类单位；

湖泊、溪流、池塘、江河常见种 24 个分类单位；

冷水种 13 个分类单位；

高原山区种 1 个分类单位。

（5）采样点Ⅴ硅藻植物的种类组成特点。

采样点Ⅴ共鉴定硅藻植物 76 种 22 变种 2 变型，共 110 个分类单位。其中：

寡盐 28 个分类单位，中盐 2 个分类单位，适盐 1 个分类单位；

嗜酸 3 个分类单位，微酸 17 个分类单位，中性 3 个分类单位，微碱 19 个分类单位，嗜碱 1 个分类单位；

高矿物质 5 个分类单位，低矿物质 10 个分类单位；

普生种 42 个分类单位；

湖泊、溪流、池塘、江河常见种 25 个分类单位；

冷水种 13 个分类单位；

高原山区种 1 个分类单位。

（6）采样点Ⅵ硅藻植物的种类组成特点。

采样点Ⅵ共鉴定硅藻植物 79 种 22 变种 2 变型，共 103 个分类单位。其中：

寡盐 29 个分类单位，中盐 1 个分类单位，适盐 4 个分类单位；

嗜酸 5 个分类单位，微酸 19 个分类单位，中性 7 个分类单位，微碱 17 个分类单位，嗜碱 2 个分类单位；

高矿物质 5 个分类单位，低矿物质 12 个分类单位；

普生种 46 个分类单位；

湖泊、溪流、池塘、江河常见种 26 个分类单位；

冷水种 14 个分类单位；

高原山区种 1 个分类单位。

（7）采样点Ⅶ硅藻植物的种类组成特点。

采样点Ⅶ共鉴定硅藻植物 79 种 24 变种 2 变型，共 105 个分类单位。其中：

寡盐 26 个分类单位，中盐 2 个分类单位，适盐 5 个分类单位；

嗜酸 4 个分类单位，微酸 16 个分类单位，中性 6 个分类单位，微碱 16 个分类单位，嗜碱 1 个分类单位；

高矿物质 4 个分类单位，低矿物质 11 个分类单位；

普生种 47 个分类单位；

湖泊、溪流、池塘、江河常见种 26 个分类单位；

冷水种 14 个分类单位；

高原山区种 1 个分类单位。

（8）采样点Ⅷ硅藻植物的种类组成特点。

采样点Ⅷ共鉴定硅藻植物 80 种 27 变种 1 变型，共 108 个分类单位。其中：

寡盐 27 个分类单位，中盐 1 个分类单位，适盐 3 个分类单位；

嗜酸 3 个分类单位，微酸 19 个分类单位，中性 5 个分类单位，微碱 17 个分类单位，嗜碱 1 个分类单位；

高矿物质 6 个分类单位，低矿物质 12 个分类单位；

普生种 48 个分类单位；

湖泊、溪流、池塘、江河常见种 25 个分类单位；

冷水种 14 个分类单位；

高原山区种 1 个分类单位。

2.1.8 各采样点的群落结构差异

应用 Microsoft Excel 2003 软件，对研究区的 8 个采样点两年中硅藻植物多度变化（图 2-4）进行方差分析。结果显示，两年的硅藻植物群落多度无显著差异（$p = 0.99$），2007 年的种类多度在个别采样点比 2008 年略高。选取在两个或两个以上的样本里个体丰度在 1% 或 1% 以上的分类单元（附录 3）进行单因素方差分析，发现月形短缝藻（Eunotia lunaris（Ehr.）Grun.）在各个采样点的个体丰度都显著高于其他硅藻植物种类（$p < 0.05$），该种为寡污带的指示种类，表明保护区的水质良好。

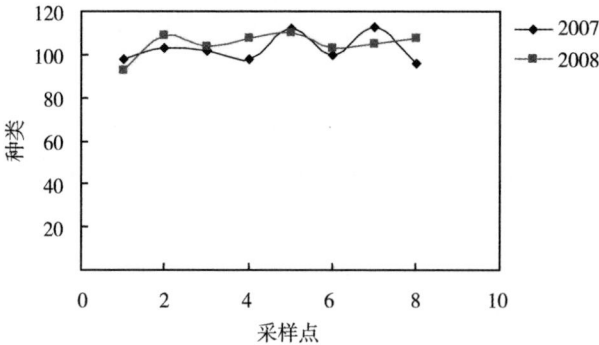

图 2-4 不同采样点硅藻植物群落多度变化

2.1.9 各采样点硅藻植物优势种分布

在硅藻植物群落中个体数量最多、生活力最强、生态作用最大，决定着该硅藻植物群落组成、结构和环境的主要特征的，一般我们称之为优势种。我们通过对洪河湿地保护区 8 个采样点的研究显示，全年的优势种为月形短缝藻（Eunotia lunaris（Ehr.）Grun.）和克劳氏菱形藻（Nitzschia clausii Hantzsch.），它们分别为低盐度普生种和富氧清水种，可以作为本研究区的指示种。洪河湿地保护区采样点随季节变化的优势种及其所占比例见表 2-2。

表 2-2　洪河湿地自然保护区硅藻优势种统计结果

月份	年份	优势种
05	2007	*Gomphonema gracile* Ehr. 3.6%
	2008	*Eunotia tenella*（Grunow）Hustedt. 4%
06	2007	*Pinnularia viridis*（Nitzch.）Ehr. 4.3%
	2008	*Navicula salinarum* Grun. 3.6%
07	2007	*Tabellaria fenestrate*（Lyngbye）Kützing. 5%
	2008	*Tabellaria flocculosa*（Roth）Kützing. 3.8%
08	2007	*Tabellaria fenestrate*（Lyngbye）Kützing. 4.3%
	2008	*Tabellaria flocculosa*（Roth）Kützing. 3.8%
09	2007	*Pinnularia viridis*（Nitzch.）Ehr. 4.4%
	2008	*Nitzschia gracilis* Hantzsch. 4.4%
10	2007	*Pinnularia divergens* W. Smith. 3.6%
	2008	*Gomphonema olivaceoides* Hust. 3.7%

由于 8 个采样点的生态环境较为相似，所以各采集点的硅藻种类没有明显的变化，但各月份的优势种却有显著的变化。对 2007 年和 2008 年相同月份的硅藻群落鉴定统计发现，相同月份的硅藻优势种有所不同，对 8 个采样点相应的生态指示信息分析如下：

5 月份水温比较低，水温变化幅度为 10~11.5℃，主要分布着 *Pinnularia brauniana* Grun. Mills、柔弱桥弯藻［*Eunotia tenella*（Grunow）Hustedt］，这两个种类分别属于冷水、酸性种类和贫营养的种类；纤细异极藻（*Gomphonema gracile* Ehr.）在本月也大量出现，它是世界性的广布种，Krammer 等研究表明此种硅藻广泛分布在热带和北欧[131]，而 Smol 等研究发现，此种在低温环境中也广泛存在，对于此种硅藻是如何适应如此大的温度变化的，至今还尚未清楚[150]。

6 月份水温有所回升，水温在 13~14.5℃ 波动，其优势种为微绿羽纹藻［*Pinnularia viridis*（Nitzch.）Ehr.］和盐生舟行藻（*Navicula salinarum* Grun.），其中微绿羽纹藻［*Pinnularia viridis*（Nitzch.）Ehr.］为 pH 值在 5.6~6.0 的寡盐种类，盐生舟行藻（*Navicula salinarum* Grun.）为寡盐和清水种类。这些种类能够反映出保护区水质良好。冷水和弱酸性的硅藻种类（如 *Eunotia flexuosa* Kütz.）也在本月大量出现。

7月份水温迅速上升，温度为20~21℃，达到全年最高温度，窗格平板藻［*Tabellaria fenestrate*（Lyngbye）Kützing］和绒毛平板藻［*Tabellaria flocculosa*（Roth）Kützing.］为本月优势种。其中，*Tabellaria fenestrate*（Lyngbye）Kützing. 为清洁种，适宜温度为21~26℃；*Tabellaria flocculosa*（Roth）Kützing. 属于清洁种，适宜温度为27.7℃，该种属耐高温的类型。在温度较高的情况下，*Tabellaria fenestrate*（Lyngbye）Kützing. 和 *Tabellaria flocculosa*（Roth）Kützing. 出现并作为本月的优势种，这表明保护区的水环境受到人为活动影响较小。

8月份水温开始回落，水温在18~19℃，*Tabellaria fenestrate*（Lyngbye）Kützing.、*Tabellaria flocculosa*（Roth）Kützing.、窄异极藻伸长变种（*Gomphonema angustatum* var. *producta* Grun.）占主要优势，其中 *Tabellaria fenestrate*（Lyngbye）Kützing. 与 *Tabellaria flocculosa*（Roth）Kützing. 的丰度值较大，*Tabellaria fenestrate*（Lyngbye）Kützing.、*Tabellaria flocculosa*（Roth）Kützing.、*Gomphonema angustatum* var. *producta* Grun. 均为清洁种。但本月也出现了 *Gomphonema angustatum* var. *producta* Grun.，占总种类的3.6%。该种为清水和中营养的种类，表明水质略有下降的趋势，其原因可能是水体中的有机物质增多。

9月份水温在15~16℃浮动。随着水温的下落，细长菱形藻（*Nitzschia gracilis* Hantzsch）大量出现，成为本月的优势种。微绿羽纹藻［*Pinnularia viridis*（Nitzch.）Ehr.］、*Gomphonema lagerbeimii* A. Cleve、细长菱形藻（*Nitzschia gracilis* Hantzsch）丰度值也较大。

10月份水温达到较低值，在1~3℃浮动，*Pinnularia divergens* W. Smith、橄榄异极藻（*Gomphonema olivaceoides* Hust.）和 *Pinnularia stomatophora*（Grunow）Cleve 为本月优势种，其中 *Pinnularia divergens* W. Smith 为低矿物质和冷水种类，橄榄异极藻（*Gomphonema olivaceoides* Hust.）为冷水和清洁种类，柔弱桥弯藻［*Eunotia tenella*（Grunow）Hustedt］为冷水和贫营养种类。

通过对各月份硅藻群落分布的统计分析表明，硅藻对水环境的变化比较敏感，而且每种硅藻可能对环境都有比较广的生态幅和较强的耐受性。温度的季节变化对优势种有着显著的影响，反之硅藻优势种对温度季节变化也起到了相应的指示作用。

2.1.10　小结

笔者分别于 2007 年 5 月至 10 月和 2008 年 5 月至 10 月对洪河湿地保护区进行采集，共设 8 个采样点，采集标本 149 号，共鉴定硅藻 128 个分类单位。通过对硅藻的鉴定显示出，洪河湿地硅藻植物全年的优势种为 *Eunotia lunaris* (Ehr.) Grun. 和 *Nitzschia clausii* Hantzsch.，它们分别为低盐度普生种和富氧清水种。各月硅藻植物的优势种分别为：5 月份为 *Gomphonema gracile* Ehr. 和 *Eunotia tenella* (Grunow) Hustedt.；6 月份为 *Pinnularia viridis* (Nitzch.) Ehr. 和 *Navicula salinarum* Grun.；7 月份为 *Tabellaria fenestrate* (Lyngbye) Kützing. 和 *Tabellaria flocculosa* (Roth) Kützing.；8 月份为 *Tabellaria fenestrate* (Lyngbye) Kützing. 和 *Tabellaria flocculosa* (Roth) Kützing.；9 月份为 *Pinnularia viridis* (Nitzch.) Ehr. 和 *Nitzschia gracilis* Hantzsch.；10 月份为 *Pinnularia divergens* W. Smith. 和 *Gomphonema olivaceoides* Hust.。研究表明，洪河湿地的水体硅藻植物大多数为清洁种类，表明保护区受人为活动的影响较小。

◆ 2.2　洪河湿地的理化指标测定结果及其水质评价

2.2.1　引言

对水体理化因子的调查是评价水体营养状态的重要指标。本研究对洪河湿地保护区各采样点的理化指标分别进行测定和分析，为该保护区水体的水质现状评价及污染防治对策提供依据。

2.2.2　材料与方法

对洪河湿地保护区两年间的 8 个采样点的标本进行采集和整理，采集标本 149 号，共鉴定硅藻标本 128 个分类单位。在采集的同时现场测定研究区的温度、pH 值和海拔，每个环境指标在每个采样点测 3 次，取平均值为最终结果，并将水样在 24 小时内带回实验室进行生化需氧量（BOD）、化学需氧量（COD）、总氮（TN）、总磷（TP）、总有机碳（TOC）和溶解氧（DO）等理化指标的测定。理化指标都是参照国标、国家环保总局《微型生物监测新技术》的标准方法[151]、《湖泊富营养化调查规范》[152]和《环境监测技术》[153]的基本方法进行，其主要仪器型号见表2-3。

评价洪河湿地保护区水环境的污染程度采用指示生物法，并利用各种硅藻的污染评价及污染指示值方法来进行水质的生物监测和评价。

表2-3　理化指标的测定方法

测定项目	测定装置
气温	水银温度计
水温	水银温度计
pH 值	便携式酸度计（PHB-4）
海拔	GPS
TN	多离子微电脑测定仪
TP	多离子微电脑测定仪
TOC	多离子微电脑测定仪
BOD	BOD-System OxDirect，Italy
COD	COD-Reaktor ET108
DO	溶解氧瓶碘量法

2.2.3　理化指标测定情况

2.2.3.1　水温的变化

Moore 指出，硅藻数量和分布会随着水温发生季节性的变化[154]。硅藻多在温度较低的春季和秋季生长繁殖[155]。由图2-5可知，在2007年5-10月与2008年5-10月两年间，洪河湿地保护区水温年变化的差异不大，各采样点水温差异也不显著（$p = 0.818$）。调查季节的年水温在1-21℃之间波动，平均水温为13.47℃，而水温的季节变化差异显著（$p = 1.54E-15 < 0.05$），5月份水温在10℃左右，6月份水温约在12-14℃之间。随后温度逐渐上升，在7月份水温达到最高值，之后水温又逐渐下降，10月份水温降至1℃左右，11月中下旬开始封冻。所以在5月份、6月份和10月份这样水温相对较低的月份，冷水种类出现的较多，而在7月份和8月份这样温度相对较高的月份，出现了耐高温的种类。

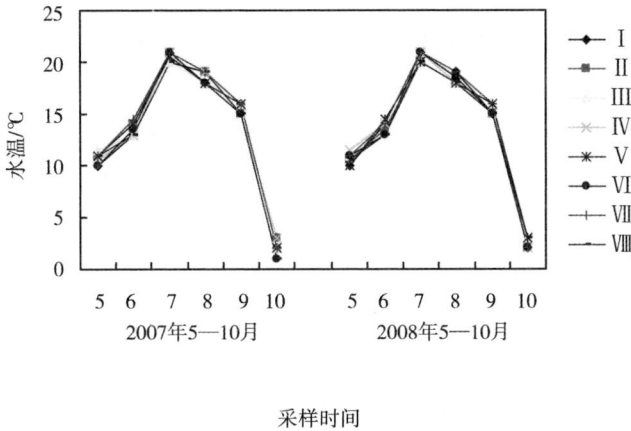

图 2-5 不同采样点水温的季节变化

2.2.3.2 pH 值的变化

pH 值反映水环境中酸性和碱性的程度，是硅藻属种的组成和分布的重要影响因素之一。本研究区的水体属于微酸的环境。由图 2-6 可知，8 个采样点的 pH 较为稳定，其显著性差异不明显（$p = 0.266$）。样点的平均 pH 值为 6.36，变化幅度在 6~6.6 之间。两年间各月份之间的差异也不显著（$p = 0.063$），水体的酸碱性随季节没有显著的改变，水体的 pH 值变化符合国家 Ⅰ-Ⅱ类水体标准。

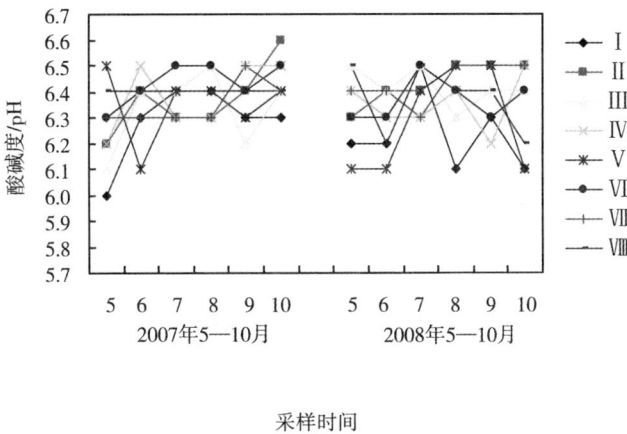

图 2-6 不同采样点 pH 值的季节变化

2.2.3.3 溶解氧的变化

溶解氧 DO 是溶解在水中氧的量，水中溶解氧的含量与空气中氧的分压、大气压和水温有着密切的关系，水中溶解氧含量是衡量水体污染程度的一个指标。由图 2-7 可知，溶解氧的含量随季节的影响变化很明显（$p=$5.09E-21<0.05），变化幅度在 3.2-14.6mg/L 之间，在温度最高的 7 月份达到最低值（3.2mg/L），其原因可能由于大气压降低，温度升高，水中的营养盐增加，导致溶解氧降低；另一种原因可能是由于水体受到有机物和还原性物质的污染，溶解氧会低于饱和值，尤其是当硅藻在水面形成遮光阻气层时，就会影响大气中氧和水中氧的正常平衡和水生植物的光合作用，会使底层水的溶解氧大幅度降低，甚至趋于零值，厌氧微生物繁殖，使水质恶化。而本研究区 DO 的平均值为 8.01mg/L，当溶解氧≥7.5mg/L，饱和率达 90%[156]，符合国家地表水环境 I-II 类质量标准。

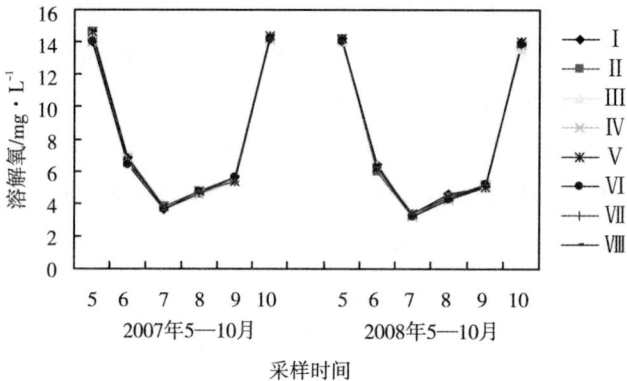

图 2-7　不同采样点溶解氧的季节变化

2.2.3.4 化学需氧量的变化

化学需氧量 COD 是在一定条件下，采用一定的强氧化剂来处理水样，从而得出消耗氧化剂的量。它是衡量水体中有机物含量的指标，化学需氧量 COD 越大，说明水体受有机物污染越严重，所以它也是衡量水体污染程度的重要指标之一。图 2-8 所示，化学需氧量 COD 在各个季节变化显著（$p=$4.93E-17<0.05），各采样点变化不显著。化学需氧量 COD 的变化幅度为 11.2-15.3mg/L，在 8 月份达到最大值 15.3mg/L，可能受到有机物的污染相对较大，而国家 I 类水质标准 COD 为 15mg/L，表明洪河湿地保护区水质

良好，这与溶解氧 DO 分析的结果相符合。

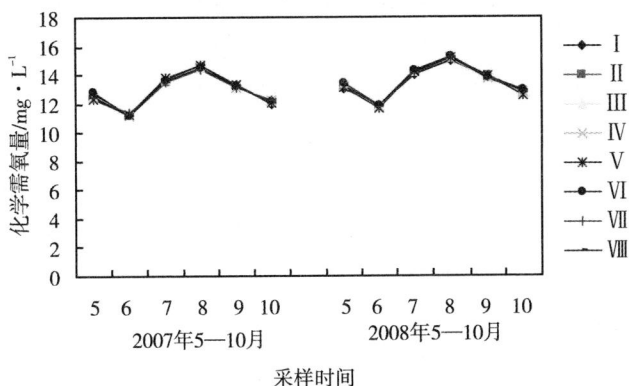

图 2-8　不同采样点化学需氧量的季节变化

2.2.3.5　生化需氧量的变化

生化需氧量 BOD 是指在一定的条件下，微生物分解水体中的有机物质进行的生化过程中消耗溶解氧的量。当生化需氧量 BOD 越大时，水中有机污染物越多，溶解氧 DO 越少。由图 2-9 可知，两年间的生化需氧量 BOD 变化不显著（$p = 0.35$），各个季节之间变化显著（$p = 4.56E-06 < 0.05$），其变化幅度为 1-5mg/L。结合图 2-5 可知，在温度相对较低 5 月份和 10 月份，生化需氧量较低，溶解氧较高，可能是由于水中有机污染物较少造成的；在温度相对较高 7 月份，其水中有机污染物可能较多，导致生化需氧量较高，溶解氧较低。

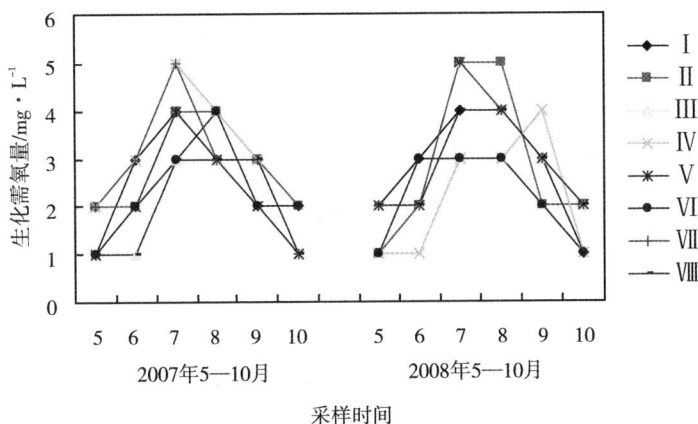

图 2-9　不同采样点生化需氧量的季节变化

2.2.3.6 总磷的变化

磷在天然水体中以正磷酸盐、缩合磷酸盐和有机结合的磷形式存在的，其中正磷酸盐为硅藻的主要吸收形式。并且磷是硅藻生长的一种限制元素，当水体中磷含量过高时，硅藻过度繁殖，便造成水质变坏，所以磷也是评价水质的重要指标。由图2-10可知，总磷TP的变化幅度为0.01~0.15mg/L。根据中国水质指标的营养分类标准[157]，当总磷的指标为10~15μg/L的范围内为中营养状态；当总磷的指标在50~100 μg/L范围内为中富营养状态；当总磷指标在100~1300 μg/L范围内为富营养状态，本研究区大部分处于中营养状态。

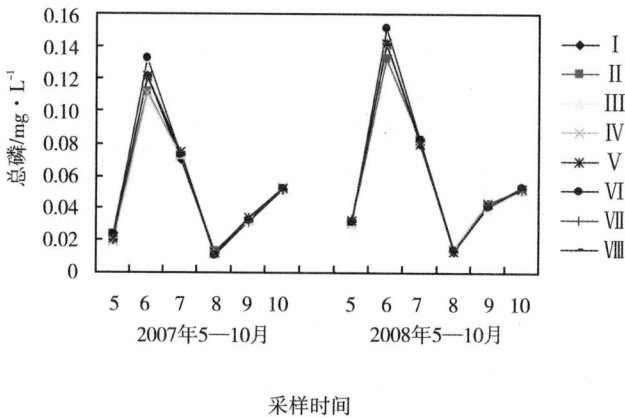

图2-10 不同采样点总磷的季节变化

2.2.3.7 总氮的变化

总氮TN是水体中有机氮和无机氮化物的总量，主要以硝酸氮盐的形式被硅藻吸收。当含量增多时，水体中的生物大量繁殖，导致溶解氧大量消耗，水质受到污染。有机氮大多是农业废弃物和城市生活污水中含氮的化合物。因此，总氮TN也是评价水体质量的重要指标之一。由图2-11可知，总氮的变化范围为1.21~3.93mg/L，平均值为2.95mg/L。当温度较高的月份中，总氮含量较高，当温度较低的月份中，总氮含量较低，与溶解氧呈负相关性。本研究区总氮值相对较高，其原因可能是附近农田施肥造成的，由于未被植物吸收利用的氮肥超过50%（少数情况下超过80%），导致这些氮又回到地表水和地下水中[158]。

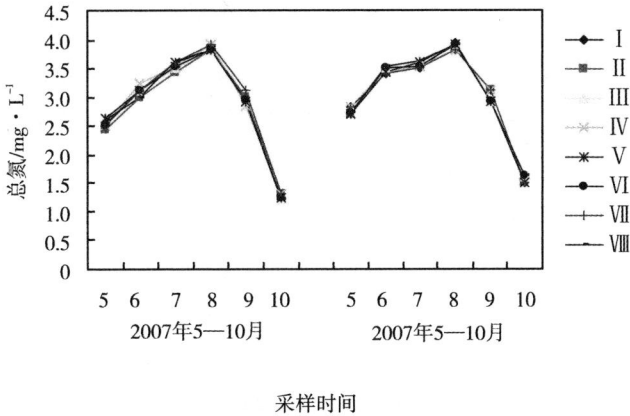

图 2-11　不同采样点总氮的季节变化

2.2.3.8　总有机碳的变化

总有机碳 TOC 是以溶解或悬浮在水样中碳的含量表示水体中有机物质总量的综合指标，通常作为水体中有机物污染程度的重要指标。由图 2-12 可知，两年间总有机碳 TOC 变化不显著（$p = 0.91$），而总有机碳 TOC 随季节变化显著（$p = 1.42E{-}06 < 0.05$），在 5 月份由于有机碳的积累，其值相对较高，大约为 4.4 mg/L，然后呈下降趋势，而在 7 月份达到最大值为 5.13 mg/L，然后呈下降的趋势。总有机碳 TOC 的变化幅度为 3.97~5.13mg/L，平均值为 4.33mg/L。

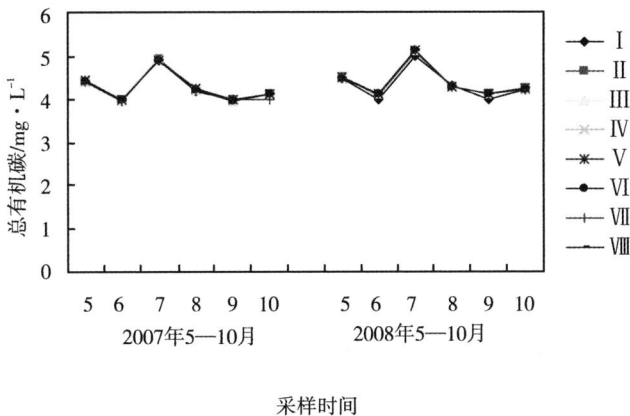

图 2-12　不同采样点总有机碳的季节变化

2.2.4 洪河湿地保护区的硅藻植物及其水质评价

为了监测洪河湿地保护区水环境状态及人为活动的干扰程度，采用指示生物法以及硅藻的污染评价和污染指示值等方法，客观地评价洪河湿地水质的污染程度并且进行水质的生物监测与评价。

2.2.4.1 指示生物法评价水质

Kolkwitz 和 Marsson 曾提出利用经典的生物监测方法，指示河流有机污染的生物系统，他们指出不同的生物种类指示不同的污染带，其中包括不同的硅藻植物指示不同的污染带[159]。

根据洪河湿地保护区的水环境中发现的硅藻植物，统计整理出不同的指示种类，如寡污带的指示种类有：边缘桥弯藻（*Cymbella affinis* Kütz.）、*Rhopalodia gibba* O. Müller、绒毛平板藻（*Tabellaria flocculosa* （Roth.）Kützing）、窗格平板藻（*Tabellaria fenestrate* （Lyngbye）Kützing）、*Pinnularia gibba* Ehr.、双尖菱板藻（*Hantzschia amphioxys* （Ehrenberg）W. Smith）、*Eunotia lunaris* （Ehr.）Grun.、*Eunotia pectinalis* var. *ventralis* （Ehr.）Hust.、扁圆卵形藻变种（*Cocconeis placentula* var. *euglypta*）、橄榄异极藻（*Gomphonema olivaceoides* Hust）等；介于寡污带与β-中污带的指示种类为扁圆卵形藻（*Cocconeis placentula* （Ehr.）Hust.）、双头福节藻（*Stauroneis anceps* Ehr.）等；β-中污带的指示硅藻种类为梅尼小环藻（*Cyclotella meneghiniana* Kütz.）、*Amphora ovalis* Kütz.、粗糙桥弯藻（*Cymbella aspera*）、尖异极藻（*Gomphonema acuminatum* Ehr.）、缢缩异极藻（*Gomphonema constrictum* Ehr.）、*Navicula viridula* Kütz.、辐射舟行藻（*Navicula radiosa* Kütz.）、*Surirella angustata* Kütz. 等。此外可能由于水质轻度污染，导致了水体中出现了少数由β-中污带向α-中污带过渡的硅藻指示种，如微小异极藻（*Gomphonema parvulum* （Kützing）Grunow）、匈牙利曲壳藻（*Achnanthes hungarica* Grun.）等。

2.2.4.2 污染指示值评价水质

Palmer 通过整理 165 名作者的 269 篇报告，对耐受有机污染的藻类作出综合分析，其范围涉及 240 属 725 种 125 变种和变型的藻类。他还依据文献中曾提到的作者数和强调的程度，对藻类进行了指示作用的评分[160]。

洪河湿地保护区发现的硅藻中，评分的污染指示值为：小环藻属 *Cyclo-*

tella 是 1，异极藻属 *Gomphonema* 是 1，直链藻属 *Melosira* 是 1，舟形藻属 *Navicula* 是 3，菱形藻属 *Nitzschia* 是 3，针杆藻属 *Synedra* 是 2 等。值得注意的是，同一属的不同种类，其耐污染的程度是不同的，如 *Nitzschia acicularis* 的指示是 1，而谷皮菱形藻 *Nitzschia palea* 的指示为 5，所以在监测中根据种类来指示污染程度则更为全面。Pribil 和 Lhotsky 根据某种生物在不同污染带的生理的相对重要性，给予不同的生物不同的污染指示值，为各个不同污染带提出了不同的指示生物[161]。对洪河湿地保护区硅藻植物的污染指示状况分析结果如表 2-4。

表 2-4　硅藻植物的污染指示状况表

硅藻	指示的污染带				污染指示值
	寡污带	β-中污带	α-中污带	多污带	
Amphora ovalis Kütz.		+			1
Achnanthes hungarica Grun.	+		+		
Cyclotella meneghiniana Kütz.			+		3
Cocconeis placentula （Ehr.）Hust.	+	+			
Cocconeis placentula var. *euglypta*	+				2
Cymbella aspera		+			
Cymbella affinis Kütz.	+				2
Eunotia lunaris （Ehr.）Grun.	+				
*Eunotia pectinalis*var. *ventralis* （Ehr.）Hust.	+				
Gomphonema acuminatum Ehr.		+			3
Gomphonema angustatum var. *producta* Grun.	+				3
Gomphonema constrictum Ehr.		+			3
Gomphonema parvulum （Kützing）		+	+		1
Gomphonema olivaceoides Hust.	+				1
Hantzschia amphioxys （Ehrenberg）	+				
*Navicula viridula*Kütz.		+			
Navicula radiosa Kützing		+			2
Nitzschia palea （Kützing）W. Smith	+				5
*Rhopalodia gibba*O. Müller	+				
*Stauroneis anceps*Ehrenberg	+	+			
Surirella angustata Kütz.		+			3
Tabellaria flocculosa （Roth）Kützing	+				3
Tabellaria fenestrate （Lyngbye）Kütz.	+				3

注 "+" 表示此种指示污染带

由污染指示状况可知，洪河湿地保护区的硅藻植物种类组成为：寡污带指示种有 14 个分类单位，β-中污带指示种有 10 个分类单位，α-中污带指示种有 3 个分类单位。由于洪河湿地保护区的水质状况良好，所以该水域出现的硅藻植物大部分为寡污带和 β-中污带的指示种。

2.2.5　小结

综上所述，分析结果显示，研究区的 pH 值较稳定，变化幅度为 6 ~ 6.6，溶解氧 DO 变化幅度为 3.2 ~ 14.6mg/L，化学需氧量 COD 变化幅度为 11.2~15.3mg/L，生化需氧量 BOD 变化幅度为 1 ~ 5mg/L，总磷 TP 变化幅度为 0.01 ~ 0.15mg/L，总有机碳 TOC 变化幅度为 3.97 ~ 5.13mg/L。通过分析洪河湿地保护区的理化指标和生物指示作用表明，水质的总体评价处于贫营养和中营养状态，在 7 月份水环境中的有机物可能增多，出现了少数的 α-中污带指示种，表明水质有下降的趋势，但尚未受到显著的污染。

◆◇ 2.3　硅藻植物群落结构与环境变量的典型对应分析

2.3.1　引言

典型对应分析（cannonical correspondence analysis，CCA），是一种多变量直接梯度分析方法[162-163]，主要是通过对洪河湿地特定研究区域的硅藻和环境因子的收集和整理，建立硅藻属种与环境变量之间的数据库，将属种、样点和环境变量同时表示在一个低维的空间内，可以直观地反映出三者之间的关系[164-165]。本研究应用典型对应分析法（CCA）对硅藻植物的属种与环境变量的相关性进行分析，探讨不同的理化指标变化对不同采样点、不同季节的硅藻植物群落结构和分布变化的规律。

2.3.2　材料与方法

首先建立硅藻和环境指标的数据库，选择在两个或两个以上样品中出现，且含量在每个样品中超过 1%的属种用于数据库的分析[166]。为了减少属种之间的自相关效应，对硅藻种类用平方根转换。为了降低统计误差，对环境指标数据进行以 10 为底的对数转换[167-168]（除 pH 值外）。本文的数据库包括 8 个环境变量，8 个采样点和 128 个硅藻植物，其中硅藻植物在各个采样点的丰度变化见附录 3。

CCA 是一种加权平均回归方法，将所有轴限制为环境变量的线性组合，同时假定属种对环境的单峰响应特点，大多数变化通常可以由前两个轴来解释[162-163]。本研究 CCA 分析分为以下几个方面：（1）对数据库中所有的环境指标进行主成分分析（principal component analysis，PCA），可解释环境变量与样点的相关性。（2）降维对应分析（detrended correspondence ananlysis，DCA），用来分析硅藻植物数据，根据梯度长度，选择线性或单峰模型的数值分析[167]。（3）进行初步 CCA 分析，对数据库中膨胀因子（VIF）大于 20 的环境指标进行选择性删除。（4）测试各环境变量的边界效应，每次只包含一个环境变量的 CCA 分析，可以测试单个环境变量对硅藻植物的影响，即所谓的边缘效应。环境变量的重要性按其单独解释属种数据的方差的大小排出次序，其解释的显著性由 Monte Carlo 测试来检验，将环境变量（p<0.05）用于最终的分析[168-169]。（5）选取可以单独解释并且重要的环境指标的最佳组合。（6）进行环境变量的独立效应分析，由于各个环境指标之间存在相互作用，若将一个变量作为受限制变量，而将另一个变量作为共变量的 CCA 分析，即两个环境变量共同解释信息量，CCA 分析用 CANOCO for Windows 4.5[170] 来运行。

2.3.3　CCA 分析结果

2.3.3.1　PCA 与 DCA 分析结果

主成分分析（PCA）是将分散在一组变量上的信息，集中到某几个综合指标（主成分）上的一种统计分析方法。通过 PCA 分析可获得环境变量与采样点的相关系的解释。

PCA 分析结果如下：

PCA 分析显示第一轴特征值为 0.56，第二轴特征值为 0.305，属种的累积方差为 86.5%。在图 2-13 中，1-96 表示采样点，即 2007-2008 年不同采集时间对应的采样点，1-8 代表 2007 年 5 月份 1-8 采样点，9-16 代表 2008 年 5 月份 1-8 采样点，17-24 代表 2007 年 6 月份 1-8 采样点，以此类推。每个箭头都对应相应的环境变量。箭头连线与排序轴的夹角表示环境变量与排序轴相关性的大小，箭头连线与排序轴的夹角越大，相关性越低。环境变量与排序轴的正负相关性，通过在起始点连线箭头所在象限的方向来表示，与起始点连线箭头一致的方向表示正相关性，反之则表示负相关性。环境变量与种类分布的相关性通过箭头连线的长度表示，长度越大，其相关性越高。

由表 2-5 可知，溶解氧 DO（$r=0.974$）和总磷 TP（$r=0.084$）与第一轴呈正相关，而水温 WT（$r=-0.742$）、总氮 TN（$r=-0.747$）、生化需氧量 BOD（$r=-0.782$）、化学需氧量 COD（$r=-0.589$）和总有机碳 TOC（$r=-0.182$）与第一轴呈负相关。

由环境变量与样点的典型对应分析结果可知，从第一轴的左侧向右侧溶解氧 DO 逐渐增加，左侧为低溶解氧区域，右侧为高溶解氧区域；而水温在左侧为高温区，在右侧为低温区；总磷将第二轴分为两个区域，上侧为中营养区，下侧为贫营养区。

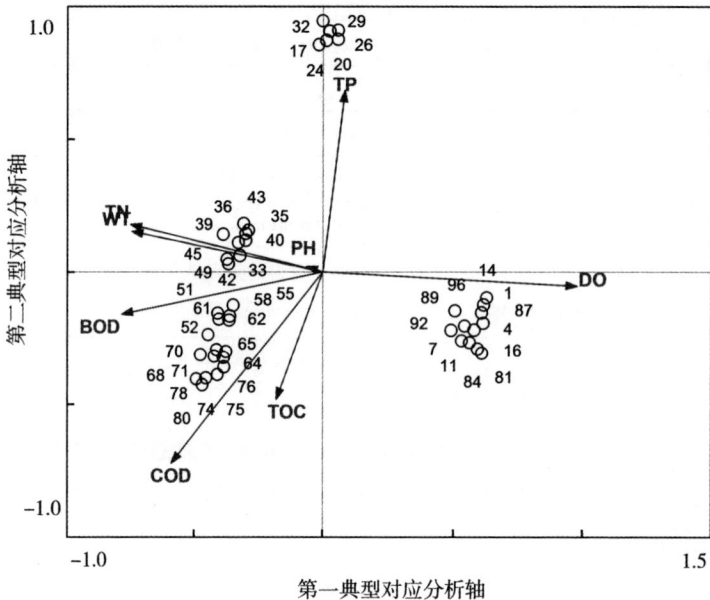

图 2-13 典型对应分析结果（环境变量与样点）

通过环境变量之间的皮尔森相关系数矩阵（表 2-5）可知，水温 WT 与溶解氧 DO 呈显著的负相关性（$r=-0.7658$），表明随着水温升高，含盐量升高，水中有机质也不断增加，造成需要消耗的氧气量增加，故水中的溶解氧含量下降；水温 WT 与总氮 TN 呈显著的正相关（$r=0.9636$），而总氮 TN

与溶解氧DO呈显著的负相关（$r=-0.781$），这表明当水温升高时，水体中的总氮含量呈上升的趋势，溶解氧呈下降趋势。溶解氧DO与其他环境变量均呈负相关性，体现出随着水温的升高，水体中的大部分硝酸氮盐消耗，而对正磷酸盐的影响相对较小，有机物大量的增多，消耗水中的氧气，从而使水体中的pH值增加。pH值与其他环境变量的相关性都比较小，pH值与水温WT的相关性为$r=-0.1848$，pH值与溶解氧DO的相关性为$r=-0.0549$，pH值与化学需氧量COD的相关性为$r=0.0031$，pH值与生化需氧量BOD的相关性为$r=0.0727$，pH值与总磷TP的相关性为$r=0.1165$，pH值与总氮TN的相关性为$r=-0.1368$，pH值与总有机碳TOC的相关性为$r=-0.1107$，这表明pH值在环境变量中起到相对较小的作用。通过以上的分析，表明了环境变量之间存在着相互联系和相互制约的关系。

表2-5　环境变量的皮尔森相关系数矩阵

变量	温度	溶解度	化学需氧量	生化需氧量	总磷	总氮	总有机碳	酸碱度
WT	1.0000							
DO	-0.7658	1.0000						
COD	0.4360	-0.5282	1.0000					
BOD	0.6054	-0.7919	0.5840	1.0000				
TP	-0.1084	-0.0628	-0.6653	-0.0994	1.0000			
TN	0.9636	-0.7810	0.4548	0.6261	-0.1148	1.0000		
TOC	0.3032	-0.3173	0.4215	0.3612	0.0809	0.2722	1.0000	
pH	-0.1848	-0.0549	0.0031	0.0727	0.1165	-0.1368	-0.1107	1.0000

在数据分析中由降维对应分析（DCA）揭示出硅藻组成的变化情况。DCA分析可得出梯度长度SD，当SD的数值大于2时，方可进行CCA分析。DCA分析结果表明第一轴的特征值为0.415，第二轴的特征值为0.058，共解释了52.5%的硅藻信息。属种的梯度长度（SD）为2.02，说明属种具有单峰分布的特点，可以用典型对应分析的方法进行硅藻与环境关系的研究。

2.3.3.2　CCA分析结果

通过硅藻丰度变化数据（附录3）显示可知，全年各采样点的优势种为：*Eunotia lunaris*（Ehr.）Grun.、*Nitzschia clausii* Hantzsch，他们分别为低盐度普生种类和富氧清水种类。各采样点五月的优势种为：*Gomphonema longiceps var. subclavata f. gracilis* Hust.、柔弱桥弯藻（*Eunotia tenella* (Grunow) Hustedt）、*Pinnularia brauniana* Grun. Mills、*Pinnularia divergens var. media*，各采样点六月份的优势种为：*Pinnularia viridis* (Nitzch.) Ehr.、盐生舟行藻（*Navicula salinarum* Grun.）*Eunotia flexuosa* Kütz.，各采样点七月份的优势种为：窗格平板藻（*Tabellaria fenestrate* (Lyngbye) Kützing）、绒毛平板藻（*Tabellaria flocculosa* (Roth) Kützing）、微绿羽纹藻（*Pinnularia viridis* (Nitzch.) Ehr.）、*Pinnularia brauniana* Grun.，各采样点八月份的优势种为：窗格平板藻（*Tabellaria fenestrate* (Lyngbye) Kützing）、绒毛平板藻（*Tabellaria flocculosa* (Roth) Kützing）、窄异极藻伸长变种（*Gomphonema angustatum var. producta* Grun.），各采样点九月份的优势种为：微绿羽纹藻（*Pinnularia viridis* (Nitzch.) Ehr.）、*Gomphonema lagerbeimii* A. Cleve、*Nitzschia gracilis* Hantzsch，各采样点十月份的优势种为：*Pinnularia divergens* W. Smith、橄榄异极藻（*Gomphonema olivaceoides* Hust.）、*Pinnularia stomatophora* (Grunow) Cleve、柔弱桥弯藻（*Eunotia tenella* (Grunow) Hustedt），各采样点优势种的分布变化和典型对应分析环境与属种结果（图2-14）显示相符合。

洪河湿地保护区的水质受化学需氧量（COD）、生化需氧量（BOD）、溶解氧（DO）、酸碱度（pH）、总有机碳（TOC）、水温（WT）、总氮（TN）和总磷（TP）等环境因子的影响。将初步典型对应分析中，膨胀因子过大（$VIP > 20$）的删除，以便进行 CCA 下一步的选择分析，分析时通过 Monte Carlo 筛选测试，其显著性 $p < 0.05$ 并且可以独立解释硅藻属种数据的环境变量，用于最终的分析。如表2-6所示，影响硅藻植物分布的主要因素为：DO（$p < 0.05$）、TN（$p < 0.05$）、WT（$p < 0.05$）、COD（$p < 0.015$）、TOC（$p < 0.05$）、TP（$p < 0.05$），而 pH 和 BOD 的影响不十分显著且不能独立解释属种数据，所以将其删除。在研究的环境变量中，DO 的影响最为显著，其次为 TN 和 WT。环境变量的边缘效应是用每个环境变量作为单独限制变量来评定的，如表2-6所示其排列顺序可以看出单独解释属种数据大小。

表 2-6 CCA 分析环境变量的显著性检验

变量	变量编号	P 值	特征值 1	特征值 2	变量重要性投影
溶解率	2	0.001	0.53	0.53	6.89
TN	6	0.001	0.36	0.13	15.31
WT	1	0.001	0.36	0.06	15.43
COD	3	0.001	0.35	0.25	9.46
TP	5	0.001	0.19	0.04	6.58
TOC	7	0.001	0.16	0.12	2.33

进一步典型对应分析硅藻属种与环境因子的相关性及 Monte Carlo 假设检验分析其显著性，分析结果由表 2-7 所示，第一轴的特征值为 0.544，大于第二轴的特征值（0.302），说明位于第一轴附近的环境因子对硅藻的影响作用比较明显。属种数据的累积方差值为 69.8%，第一轴解释硅藻与环境变量为 48.2%，第二轴解释硅藻与环境变量为 26.7%，根据国际上的通用标准，只要前两轴能解释 ≥65% 的信息量，就只对前两轴进行分析，其他轴不予考虑。硅藻与环境变量第一轴的相关系数为 0.996，第二轴的相关系数为 0.994，说明硅藻与环境因子之间有很密切的联系。环境变量共解释了所有硅藻植物数据的 93.2%（Sum of all canonical eigenvalues/Sum of all eigenvalues，1.129/1.212×100 = 93.2 %），第一轴解释了硅藻植物数据的 44.9%，第二轴解释了硅藻植物数据的 24.9%。

每个初步选择的环境变量都是通过 Monte Carlo 假设测试检验其显著性（$p < 0.05$），进一步运用典型对应分析，在环境变量中生化溶解氧 COD（$p < 0.05$）、总氮 TN（$p < 0.05$）、总磷 Tp（$p < 0.05$）、总有机碳 TOC（$p < 0.05$）、水温 WT（$p < 0.05$）、溶解氧 DO（$p < 0.05$）每个都可以独立且显著的解释硅藻数据，每个轴的相关系数（表 2-8）为加权多重回归的系数，此回归方程代表了硅藻与环境变量的生态方程：

Axis 1：$-0.334WT - 0.02COD - 0.143TN - 0.01TOC + 0.061TP + 0.199DO$

Axis 2：$-0.019WT + 0.02COD - 0.009TN - 0.005TOC - 0.325TP + 0.057DO$

表 2-7　环境变量 CCA 分析总结

CCA 轴 Axes	1	2
特征值 Eigenvalues	0.544	0.302
属种环境相关系数 Species-environment correlations	0.996	0.994
方差累计百分比 Cumulative percentage variance		
属种数据 of species data	44.9	69.8
属种环境数据 of species-environment relation	48.2	74.9
Sum of all eigenvalues	1.212	
Sum of all canonical eigenvalues	1.129	

表 2-8　环境变量的回归系数和 T 检验

变量	回归系数		T 检验	
	轴 1	轴 2	轴 1	轴 2
WT	-0.334	-0.019	-48.545 *	-0.559
COD	-0.020	0.020	-6.517 *	6.504 *
TN	-0.143	-0.009	-36.331 *	-0.579
TOC	-0.010	-0.005	-3.132 *	-1.379
TP	0.061	-0.325	1.818	-50.419 *
DO	0.199	0.057	15.649 *	2.430 *

注："＊"表示与轴呈显著相关

T 检验与相关系数相联系，用于描述属种数据中评价环境变量的显著性。由表 2-8 可知，水温 WT 与轴 1 显著相关，总氮 TN 与轴 1 显著相关，总有机碳 TOC 与轴 1 显著相关，生化需氧量 COD 与轴 1 和轴 2 显著相关，溶解氧 DO 与轴 1 和轴 2 显著相关，而总磷 TP 与轴 2 显著相关。

通过典型对应分析环境变量的单因素分析以及环境变量的两因素共同作用的分析，在典型对应分析中主要分析环境变量的第一轴，结果显示溶解氧 DO 和生化需氧量 COD 解释的值最大，为 0.525，其次水温 WT 为 0.356，总氮 TN 为 0.361，总磷 TP 为 0.189 以及总有机碳 TOC 为 0.163。进一步分析两个环境变量因素的作用，即一个环境变量解释硅藻数据后另一个环境变量可以解释多少。由表 2-9 分析可知，在总有机碳 TOC 解释硅藻数据后，大约还有 30.1% 的硅藻数据被生化需氧量 COD 所解释，而在生化需氧量 COD 解释硅藻数据后，大约还有 11.2% 的硅藻数据被总有机碳 TOC 所解释；当水温 WT 解释后还有 28.2% 被溶解氧 DO 所解释，而在溶解氧 DO 解释后还有 11.3% 被水温 WT 所解释。

表 2-9　环境变量单因素及两因素分析

	总有机碳	总磷	总氮	化学需氧量	水温	溶解氧
	0.163	0.189	0.361	0.525	0.356	0.525
TP	TP-TOC 0.203 TOC-TP 0.177					
TN	TN-TOC 0.357 TOC-TN 0.159	TP-TN 0.193 TN-TP 0.365				
COD	COD-TOC 0.301 TOC-COD 0.112	COD-TP 0.329 TP-COD 0.166	COD-TN 0.293 TN-COD 0.302			
WT	WT-TOC 0.354 TOC-WT 0.16	WT-TP 0.359 TP-WT 0.191	WT-TN 0.062 TN-WT 0.067	WT-COD 0.288 COD-WT 0.284		
DO	DO-TOC 0.528 TOC-DO 0.165	TP-DO 0.195 DO-TP 0.531	TN-DO 0.116 DO-TN 0.281	COD-DO 0.251 DO-COD 0.424	DO-WT 0.282 WT-DO 0.113	

　　两个环境因素共同作用的分析是将一个环境变量解释硅藻数据后另一个环境变量解释的值与单独环境变量所得的分析结果相减，即为两个环境变量共同作用所解释信息量的百分比。本实验的分析为水温 WT 与总氮 TN 共同作用所解释的硅藻信息量最大，为 29.4%。因此在水温 WT 和总氮 TN 这两个环境变量的影响下，进一步分析 3 个环境变量共同作用，筛选出水温 WT、总氮 TN 和溶解氧 DO 为最佳的组合。由表 2-10 不同环境 CCA 分析结果显示，6 个环境变量前两轴的特征值为 0.544 和 0.302，属种数据的累计方差为 69.8%，而 3 个环境变量第一轴的特征值为 0.526，第二轴的特征值为 0.118，前两轴的属种数据的累计方差为 53.1%，略低于 6 个环境变量的典型对应分析结果，由于变化的幅度较小，表明 3 个环境变量可以较好的解释硅藻属种的数据，具有很好的代表性，并且属种与环境关系的累计方差由 6 个环境变量分析的 74.9%提高到了 91.6%，使硅藻属种与环境之间有了更好的相关性。

表 2-10　不同环境变量的 CCA 分析结果

	6 个环境指标		3 个环境指标	
CCA 轴 Axes	1	2	1	2
特征值 Eigenvalues	0.544	0.302	0.526	0.118
属种环境相关系数 Species-environment correlations	0.996	0.994	0.983	0.919
累计方差百分比 Cumulative percentage variance				
属种数据 of species data	44.9	69.8	43.4	53.1
属种-环境关系 of species-environment relation	48.2	74.9	74.9	91.6

2.3.4　环境变量对硅藻植物分布的影响

　　通过典型对应分析（图 2-14）硅藻属种与环境变量双轴图所示，在双轴图中指示作用较小的硅藻已删除，从双轴图中可以初步看出，硅藻植物都是围绕着第一轴与第二轴交点为圆心进行分布的，呈现出由中心密集到边缘递减的趋势，在环境变量相关性较高的区域，硅藻分布较为密集，表明环境变量影响硅藻植物的分布，并且其分布是由各环境变量相互作用而决定的。

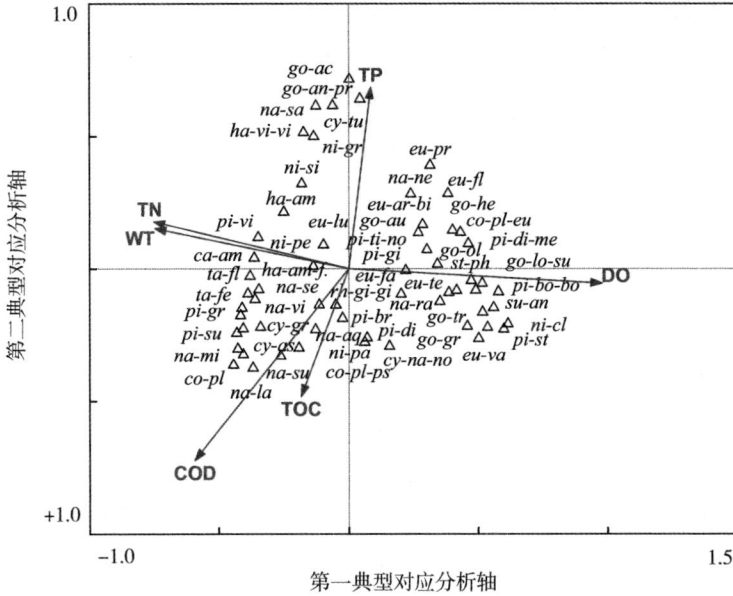

图 2-14　典型对应分析结果（环境变量与属种）

注：拉丁文缩写表示用于分析的主要硅藻植物分类单位代码名称。na-vi = *Navicula viridula* Kütz.，go-ac = *Gomphonema acuminatum* Ehr.，na-sa = *Navicula salinarum* Grun.，cy-tu = *Cymbella turgidula* Grun.，ha-vi-vi = *Hantzschia vivax* var. *vivax*，ni-gr = *Nitzschia gracilis* Hantzsch，ha-am = *Hantzschia amphioxys*（Ehrenberg）W. Smith，pi-vi = *Pinnularia viridis*（Nitzch.）Ehr.，eu-lu = *Eunotia lunaris*（Ehr.）Grun.，ni-pe = *Nitzschia perminuta*（Grunow）Peragallo，eu-pr = *Eunotia praerupta* Ehr.，na-ne = *Navicula neoventricosa* Hust.，eu-fl = *Eunotia flexuosa* Kütz.，eu-ar-bi = *Eunotia arcus* var. *bidens* Grun.，go-he = *Gomphonema hebridense* Gregory，go-au = *Gomphonema auritum* A. Braun ex Kützing，co-pl-eu = *Cocconeis placentula* var. *euglypta*，pi-di-me = *Pinnularia divergens* var. *media*，pi-ti-no = *Pinnularia tirolensis*（Metzeltin & Krammer），pi-gi = *Pinnularia gibba* Ehr.，go-ol = *Gomphonema olivaceoides* Hust.，st-ph = Stauroneis phoenicenteron（Nitzsch）Ehr.，go-lo-su = *Gomphonema longiceps* var. *subclavata* f. *gracilis* Hust.，pi-bo-bo = *Pinnularia borealis* var. *borealis*，su-an = *Surirella angustata* Kütz.，ni-cl = Nitzschia clausii Hantzsch，pi-st = *Pinnularia stomatophora*（Grunow）Cleve，na-ra = *Navicula radiosa* Kützing，cy-na-no = *Cymbella naviculiformis*（Auerswald），go-gr = *Gomphonema gracile* Ehr.，go-tr = *Gomphonema truncatum* Ehrenberg，eu-te = *Eunotia tenella*（Grunow）Hustedt，eu-va = *Eunotia valida* Hust.，pi-di = *Pinnularia divergens* W. Smith，pi-br = *Pinnularia brevicostata* Cleve，eu-fa = *Eunotia faba* Ehrenberg，rh-gi-gi = *Rhopalodia gibba* O. Müller，na-aq = *Nacicula aquaedurae* Lange-Bertalot，ni-pa = *Nitzschia parvala*，co-pl-ps = *Cocconeis placentula* var. *pseudolineata*，ca-am = *Caloneis amphisbaena*（Bory）Cl.，co-pl = *Cocconeis placentula*（Ehr.）Hust.，cy-gr = *Cymbella gracilis*（Rabh.）Cleve，cy-as = *Cymbella aspera*，ha-am-f. = *Hantzschia amphioxys* f. *capitata* Φ. Müll.，na-se = *Navicula seminulum* Grun.，go-an-pr = *Gomphonema angustatum* var. *producta* Grun.，na-su = *Navicula subulissima* Cl.，na-la = *Navicula laevissima* Kütz.，pi-gr = *Pinnularia gracillima* Gregory，pi-su = *Pinnularia subundulata* ø strup，ta-fl = *Tabellaria flocculosa*（Roth）Kützing，ta-fe = *Tabellaria fenestrate*（Lyngbye）Kützing

由硅藻属种与环境变量双轴图 2-14 分析表明，硅藻植物群落大部分是按照环境变量的营养梯度分布的。从营养梯度分布可以发现，影响洪河湿地水域中硅藻分布的最重要因素是水温 WT 和溶解氧 DO。由样点与环境变量双轴图可以看出，水温 WT 随着季节存在着显著的变化（$p<0.05$），硅藻属种分布随着水温 WT 的变化而不同。水温与第一轴呈现出明显的相关性，左侧水温较高的区域主要集中在七月份和八月份，而溶解氧较低，分布着一些耐高温的硅藻种类如窗格平板藻（*Tabellaria fenestrate*（Lyngbye）Kützing）、绒毛平板藻（*Tabellaria flocculosa*（Roth）Kützing）等。中部区域主要分布中等温度的硅藻种类，如 *Nitzschia gracilis* Hantzsch、辐射舟行藻（*Navicula radiosa* Kützing）等，这与 Krammer & Lang-Bertalot 记载一致[131]。第一轴的右侧区域分布着喜低温冷水的硅藻种类如 *Pinnularia borealis* Ehrenberg、*Pinnularia stomatophora*（Grunow）Cleve 等，主要集中在五月份和十月份。Tilman 报道指出，相同的营养状态下，硅藻较适宜在较冷的水温下生长发育，并占据浮游植物的优势地位，因此多出现于早春、晚秋和冬季，这与本研究分析结果相一致，表明硅藻植物群落的分布与环境因子密切相关[171]。

虽然 Pienitz[172]、Lakes[173] 和 Roseacute[174] 已成功的运用硅藻群落来推测美国湖水的温度，但是温度很少被认为是复杂的环境变量的重要因素，其原因是温度比环境中其他因素更为稳定，但它需要与其他环境因子相结合发挥作用。通过典型对应分析可知，水温与第一轴具有较高的负相关性（$r=-0.334$）。从硅藻分布的密集情况可知，洪河湿地自然保护区主要以冷水性的种类居多，主要是由于保护区属于温带湿润气候，因此喜低温属种较为丰富。而从整体分析显示，研究区种类较多的硅藻，如橄榄异极藻（*Gomphonema olivaceoides* Hust.）、*Nitzschia clausii* Hantzsch、双头福节藻（*Stauroneis anceps* Ehrenberg）、截形异极藻（*Gomphonema truncatum* Ehrenberg）、纤细异极藻（*Gomphonema gracile* Ehr.）等大部分为优势种，这些分类单位又是典型的清洁指示种类，说明洪河湿地保护区受人为活动干扰较少。

图 2-15 分析表明，溶解氧 DO 与第一轴呈现出明显的相关性，它将第一轴分为左右两个部分。从左侧至右侧溶解氧 DO 逐渐增大。左侧溶解氧较小的区域，主要分布的采样点为 33-48，采集时间主要在夏季七月份和八月份，水温平均值约为 20℃，出现的硅藻种类个体较大，如 *Eunotia pectinalis* var. *undulata* Ralfs、*Cymbella tumida*、*Pinnularia ovata* Krammer 等；右侧为溶解氧较大的区域，其原因可能是由于大气压升高，水温降低，水中的营养

盐减少，导致溶解氧增加。这个区域内集中分布的采样点为 81~96，采集时间主要为十月份，水温约为 1℃。出现的硅藻种类个体较小。Semina 曾指出，个体较小的种类多出现在冷水中，而个体较大的种类多出现在暖水中，本实验的分析结果与其结论一致[175]。结合图 2-16 可知，左侧大部分为低溶解氧的硅藻种类，如盐生舟行藻（*Navicula seminulum* Grun.）等，并且出现一些 β-中污带和 α-中污带的指示种类，如扁圆卵形藻（*Cocconeis placentula*（Ehr.）Hust.）、粗糙桥弯藻（*Cymbella aspera*）、*Gomphonema parvulum*（Kützing）Grunow 等。Fore 曾指出 *Gomphonema parvulum*（Kützing）Grunow 出现相对干净的水体中，这与本研究结果不符合[176]。其原因可能是该种的生态幅加宽，导致该种由清洁种类向中污带种类过渡。右侧分布着溶解氧较高的硅藻种类，如 *Surirella angustata* Kütz.、*Nitzschia clausii* Hantzsch 等具有富溶解氧的典型指示作用，同时还出现了一些寡污带的指示种如 *Eunotia lunaris*（Ehr.）Grun.、*Eunotia pectinalis* var. *ventralis*（Ehr.）Hust.、扁圆卵形藻明线变种（*Cocconeis placentula* var. *euglypta*）、橄榄异极藻（*Gomphonema olivaceoides* Hust.）等，贫营养的硅藻种类柔弱桥弯藻（*Eunotia tenella*（Grunow）Hustedt）、*Gomphonema gracile* Ehr. 等也有出现。

硅藻生长需多种元素，氮、磷的含量是影响硅藻生长的重要营养因素之一，也常常是硅藻生长的限制因子。本实验研究表明，总氮 TN 是影响洪河湿地水域中硅藻分布的较重要的因素，是水体质量评价的主要指标之一。由图 2-16 可知，总氮 TN 与第一轴具有很好的相关性，数值由右侧至左侧逐渐增大，左侧主要出现有 *Nitzschia perminuta*（Grunow）Peragallo、*Pinnularia gracillima* Gregory、微绿羽纹藻（*Pinnularia viridis*（Nitzch.）Ehr.）等，这些是对总氮具有显著作用的硅藻种类，MacGregor 研究指出 *Pinnularia gracillima* Gregory 是富营养化种类[177]。本实验分析得出洪河湿地的水体为贫营养至中营养化水体，该种在 2007 年出现的数量较 2008 年少，其原因可能是其水质有所变化，导致水域中硅藻群落分布发生变化。此种主要集中出现在 2007 年和 2008 年的夏季，其原因可能是由于夏季温度较高，总氮含量增多，水体中的生物大量繁殖，导致溶解氧大量消耗，造成水质下降。

总磷 TP 与第二轴呈现出显著的相关性，总磷 TP 将轴分为上下两个部分，由下侧至上侧逐渐增大，所以水体的营养状态上侧至下侧呈下降趋势。下侧区域总磷 TP 值偏小，具有种类丰富，密度较高的特点。其中贫营养硅藻种类，如纤细异极藻（*Gomphonema gracile* Ehr.）、柔弱桥弯藻（*Eunotia tenella*（Grunow）Hustedt）等以及一些寡污带的指示种，如边缘桥弯藻（*Cymbella affinis* Kütz.）、*Rhopalodia gibba*、绒毛平板藻（*Tabellaria flocculosa*（Roth）Kützing）、窗格平板藻（*Tabellaria fenestrate*（Lyngbye）Kützing）、*Pinnularia gibba* Ehr. 等主要集中在下侧。因此可以看出这些种类与总磷具有一定的相关性。这些种类的出现表明本区域的环境可能受人为因素影响较小，水质良好，同时该区域硅藻群落寡污带的指示种也出现的较多。上侧区域总磷 TP 值偏大，出现一些中营养的硅藻种类，如 *Gomphonema acuminatum* Ehr.、*Gomphonema angustatum* var. *producta* Grun. 等，同时还出现一些 β-中污带和 α-中污带的硅藻种类，如尖异极藻（*Gomphonema acuminatum* Ehr.）、缢缩异极藻（*Gomphonema constrictum* Ehr.）、微小异极藻（*Gomphonema parvulum*（Kützing）Grunow）、梅尼小环藻（*Cyclotella meneghiniana* Kütz.）等。徐立等在研究中指出以梅尼小环藻（*Cyclotella meneghiniana* Kütz.）为优势种的水域，水质属于 α-β 中度污染[178]。本研究区水体中梅尼小环藻数量虽不是优势种，但在洪河湿地的水域也有一定量的出现，说明该水域可能已有了轻度污染，因此建议对其水域进行保护、治理，防患未然。

对环境变量的分析得出，洪河湿地水域 TN 和 TP 相对较高，略超出国家针对自然保护区划定的Ⅰ类或Ⅱ类水质标准限值，但该水域中硅藻种类多为清洁种，其原因可能是由于在较高浓度的氮、磷和光照充足的情况下，硅藻对氮、磷的吸收和转化百分率比较高，对降低水体的富营养化水平，增加水体的透明度和水体的自净能力具有一定的促进作用。

通过以上的分析与探讨，笔者得出水温 WT、溶解氧 DO、总氮 TN 及总磷 TP 等环境因子的变化是使洪河湿地水域中的硅藻群落分布相应发生改变的主要因素；同样从硅藻群落分布的演替变化也可以监测洪河湿地水质的环境因子的变化。

2.3.5　硅藻植物的群落结构对环境变量的影响

从生态学角度来看，洪河湿地保护区的水环境决定了硅藻植物的属种和群落结构分布的特征。同时硅藻植物的属种和群落的分布变化，也可以客观地反映出该水体水质潜在的变化。

运用典型对应分析并且通过 Monte Carlo 假设测试检验其显著性，使得每个环境变量都可以独立且显著的说明硅藻数据，由表 2-11 加权多重回归

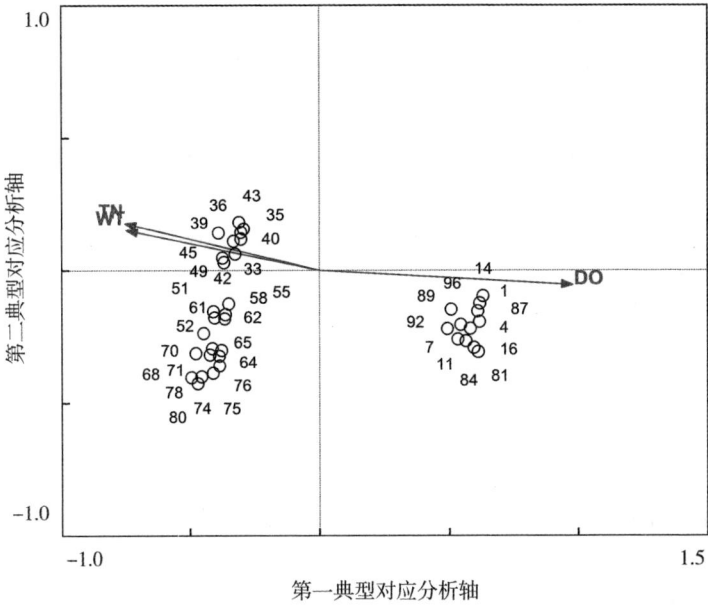

图 2-15 三个环境变量的典型对应分析（样点与环境因子）

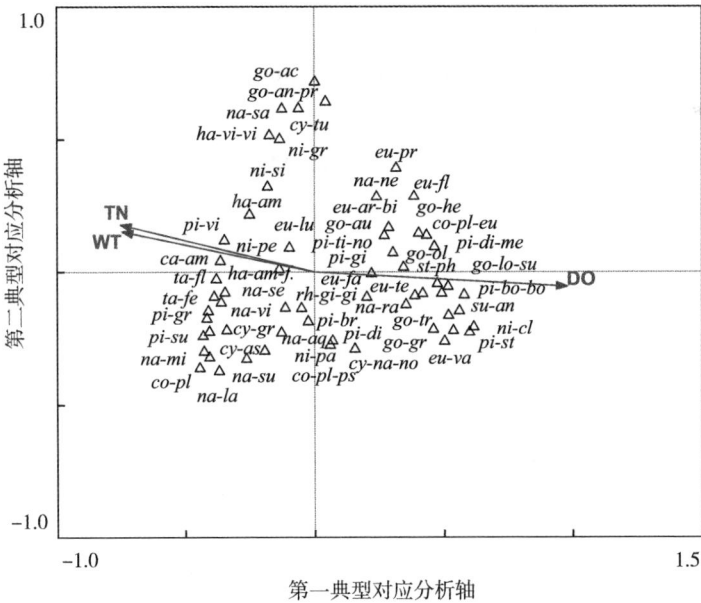

图 2-16 CCA 分析的最佳组合

分析得出，硅藻植物与环境变量的生态方程：

Axis 1：-0.334WT-0.02COD-0.143TN-0.01TOC$+0.061$TP$+0.199$DO

Axis 2：-0.019WT$+0.02$COD-0.009TN-0.005TOC-0.325TP$+0.057$DO

通过生态方程分析表明，硅藻与环境变量之间既相互联系又相互制约。为了进一步研究硅藻植物的个体丰度变化对环境变量的指示作用，将水温 WT、化学需氧量 COD、总氮 TN、总磷 TP、总有机碳 TOC、溶解氧 DO 分别与具有代表性硅藻植物的个体丰度进行加权多重回归分析（表 2-11），进而显示出硅藻植物的个体丰度变化与环境变量之间的联系，得到硅藻个体丰度与环境变量之间的回归方程如下：

WT$=-3.894\times$eu$-$te$-1.614\times$go$-$lo$-$su$-3.146\times$pi$-$bo$-$bo$+3.644\times$ta$-$fe$+2.734\times$ta$-$fl

DO$=3.416\times$su$-$an$+6.114\times$ni$-$cl$-5.274\times$na$-$se$+1.519\times$na$-$ra$-1.168\times$ha$-$am$-$f.

COD$=2.839\times$cy$-$as$+15.662\times$cy$-$gr$-21.626\times$go$-$ol$+12.954\times$ni$-$pa$-6.474\times$pi$-$ti$-$no

TP$=2.605\times$cy$-$tu$+0.694\times$go$-$ac$+1.187\times$go$-$au$-1.027\times$go$-$gr$+2.45\times$na$-$sa

TN$=3.515\times$ca$-$am$+1.9\times$ni$-$pe$-4.068\times$pi$-$di$-$me$-3.824\times$pi$-$gi$+12.588\times$pi$-$vi

TOC$=11.186\times$co$-$pl$-$ps$+9.469\times$cy$-$as$+16.594\times$na$-$la$-8.891\times$eu$-$ar$-$bi$-11.265\times$go$-$au

通过加权多重回归分析硅藻植物与环境变量的生态方程可知，环境因子水温 WT 与第一轴的相关性最大（$r=0.334$），其次为溶解氧 DO（$r=0.199$）和总氮 TN（$r=0.143$），这表明与第一轴相关的硅藻植物受水温 WT 的影响最大，其次为溶解氧 DO 和总氮 TN，这与 CCA 分析得出的最佳组合相符合。将具有代表性硅藻植物的个体丰度与环境变量进行加权多重回归分析（图 2-17），通过分析环境变量对硅藻群落的分布影响，进而总结出硅藻种类对环境的指示作用。

表 2-11　环境变量加权多重回归分析

		回归系数值	标准误差	P 值	T 检验值
WT	eu-te	-3.894	0.406	<1.0e-6	-9.59
	go-lo-su	-1.614	0.414	0.0002	-3.90
	pi-bo-bo	-3.146	0.189	<1.0e-6	-16.68
	ta-fe	3.644	0.488	<1.0e-6	7.47
	ta-fl	2.734	0.369	<1.0e-6	7.40
DO	su-an	3.416	0.41	<1.0e-6	8.34
	ni-cl	6.114	1.229	0.000003	4.97
	na-se	-5.274	0.494	<1.0e-6	-10.69
	na-ra	1.519	0.0864	<1.0e-6	17.58
	ha-am-f.	-1.168	0.289	0.0001	-4.05
COD	cy-as	2.839	0.975	0.004	2.91
	cy-gr	15.662	1.925	<1.0e-6	8.14
	go-ol	-21.626	2.358	<1.0e-6	-9.17
	ni-pa	12.954	2.073	<1.0e-6	6.25
	pi-ti-no	-6.474	1.182	<1.0e-6	-5.48
TP	cy-tu	2.605	0.32	<1.0e-6	8.13
	go-ac	0.694	0.094	<1.0e-6	7.4
	go-au	1.187	0.441	0.008	2.69
	go-gr	-1.027	0.321	0.002	-3.2
	na-sa	2.448	0.265	<1.0e-6	9.22
TN	ca-am	3.515	0.389	<1.0e-6	9.03
	ni-pe	1.9	0.318	<1.0e-6	5.97
	pi-di-me	-4.068	0.634	<1.0e-6	-6.41
	pi-gi	-3.824	0.467	<1.0e-6	-8.2
	pi-vi	12.588	1.182	<1.0e-6	10.65
TOC	co-pl-ps	11.186	0.65	<1.0e-6	17.22
	cy-as	9.468	0.565	<1.0e-6	16.74
	eu-ar-bi	-8.891	3.181	0.006	-2.8
	go-au	-11.265	4.454	0.013	-2.53
	na-la	16.594	0.967	<1.0e-6	17.17

在加权多重回归方程中，粗糙桥弯藻（*Cymbella aspera*）、纤细桥弯藻（*Cymbella gracilis*（Rabh.）Cleve）、谷皮菱形藻（*Nitzschia palea*（Kützing）

W. Smith）丰度的变化反映出生化需氧量 COD 的变化，并与生化需氧量 COD 呈正相关性。生化需氧量 COD 是衡量水体污染程度的重要指标。在洪河湿地保护区的水体中出现了粗糙桥弯藻（*Cymbella aspera*）、尖异极藻（*Gomphonema acuminatum* Ehr.）、缢缩异极藻（*Gomphonema constrictum* Ehr.）、*Navicula viridula* Kütz.、辐射舟行藻（*Navicula radiosa* Kütz.）等种类。这些硅藻种类常生活在 α-中污带的环境中。当生化需氧量 COD 增加，*Cymbella aspera*、*Cymbella gracilis*（Rabh.）Cleve、*Nitzschia palea*（Kützing）W. Smith 等属种的个体丰度也呈增加的趋势，这表明水体中有机物的含量增多，造成水质的富营养化。在总磷 TP 的回归方程中，*Cymbella turgidula* Grun.、尖异极藻（*Gomphonema acuminatum* Ehr.）、*Gomphonema auritum* A. Braun、盐生舟行藻（*Navicula salinarum* Grun.），与总磷呈正相关，并具有一定的指示作用。当水体中正磷酸盐增多时，这些属种的个体丰度也相应增加。总磷是硅藻生长的一种限制元素，当水体中磷含量过高时，硅藻过度繁殖，可能会造成水质变坏。对总氮 TN 指示作用较显著的硅藻种类为 *Caloneis amphisbaena*（Bory）Cl.、*Nitzschia perminuta*（Grunow）Peragallo、微绿羽纹藻（*Pinnularia viridis*（Nitzch.）Ehr.）等，这些种类与总氮为正相关，当硝酸氮盐含量增多时，可能造成水体中的硅藻植物大量繁殖，导致溶解氧大量消耗，水质受到污染。

在水温 WT 的回归方程中，*Gomphonema longiceps* var. *subclavata* f. *gracilis* Hust.、绒毛平板藻（*Tabellaria flocculosa*（Roth）Kütz.）、窗格平板藻（*Tabellaria fenestrate*（Lyngbye）Kützing）、柔弱桥弯藻（*Eunotia tenella*（Grunow）Hustedt）、*Pinnularia borealis* Ehrenberg 等都具有显著的指示作用。当水温下降，预示着 *Gomphonema longiceps* var. *subclavata* f. *gracilis* Hust.、*Pinnularia borealis* Ehrenberg 种类的个体丰度呈升高的趋势；当水温升高，预示着 *Tabellaria flocculosa*（Roth）Kützing、*Tabellaria fenestrate*（Lyngbye）Kützing 种类的个体丰度呈上升的趋势。在溶解氧 DO 的回归方程中，*Surirella angustata* Kütz、*Nitzschia clausii* Hantzsch、辐射舟行藻（*Navicula radiosa* Kützing）种类与溶解氧呈正相关。当溶解氧升高时，这些种类的个体丰度增多。此外，*Surirella angustata* Kütz、*Nitzschia clausii* Hantzsch、辐射舟行藻（*Navicula radiosa* Kützing）等种类与冷水种类柔弱桥弯藻（*Eunotia tenella*（Grunow）Hustedt）、*Pinnularia divergens* var. *media*、*Pinnularia borealis* Ehrenberg 等大多数同时出现，其原因可能是由于温度降低，水中的营养盐减少，导致溶解氧升高。

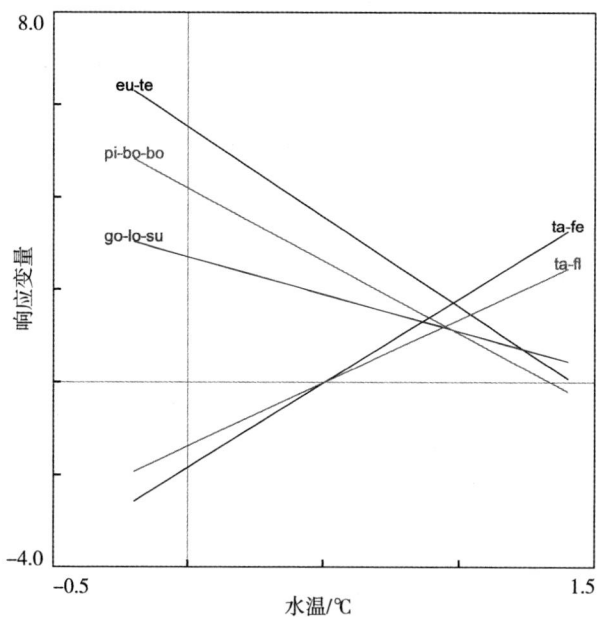

A 硅藻植物与水温 WT 的加权多重回归

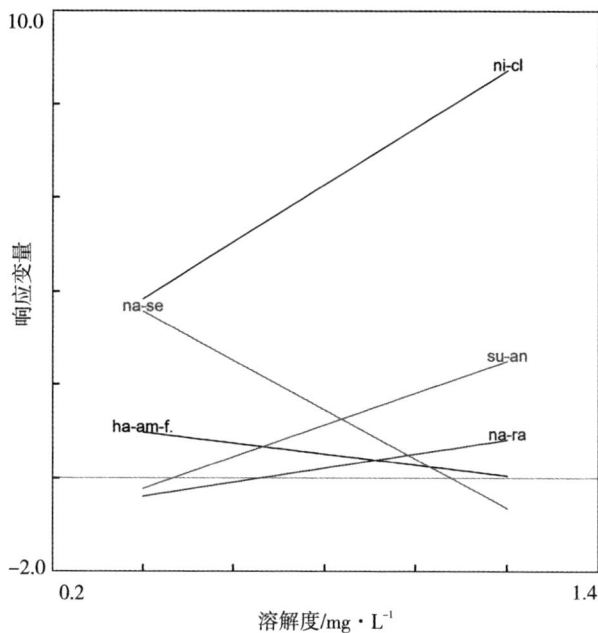

B 硅藻植物与溶解氧 DO 的加权多重回归

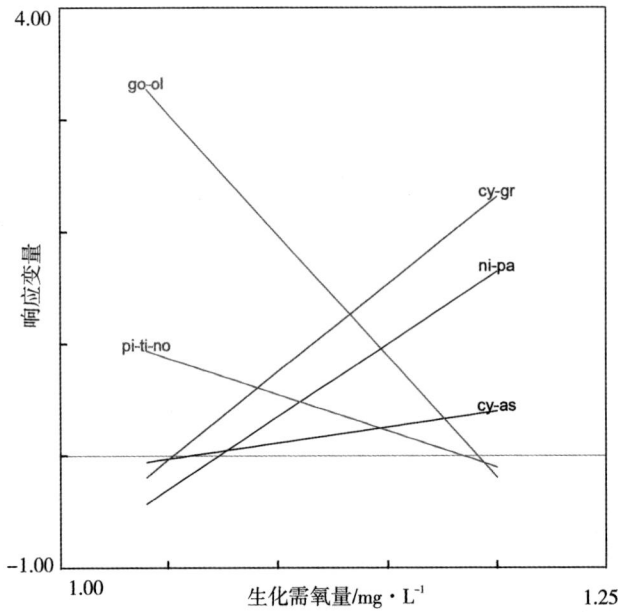

C 硅藻植物与生化需氧量 COD 的加权多重回归

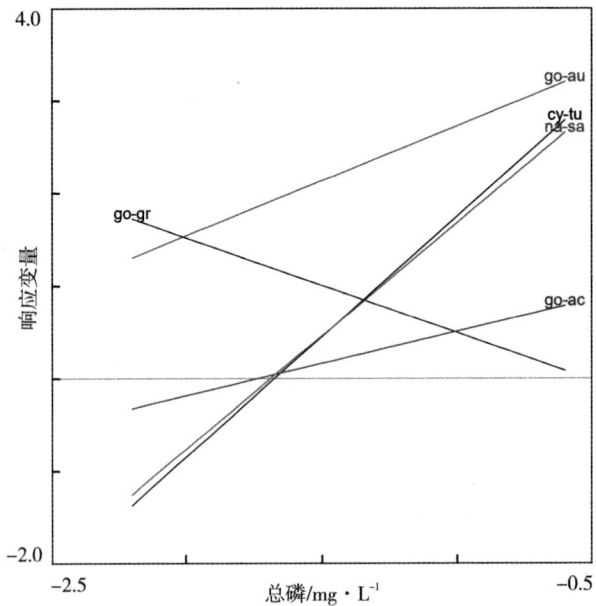

D 硅藻植物与总磷 TP 的加权多重回归

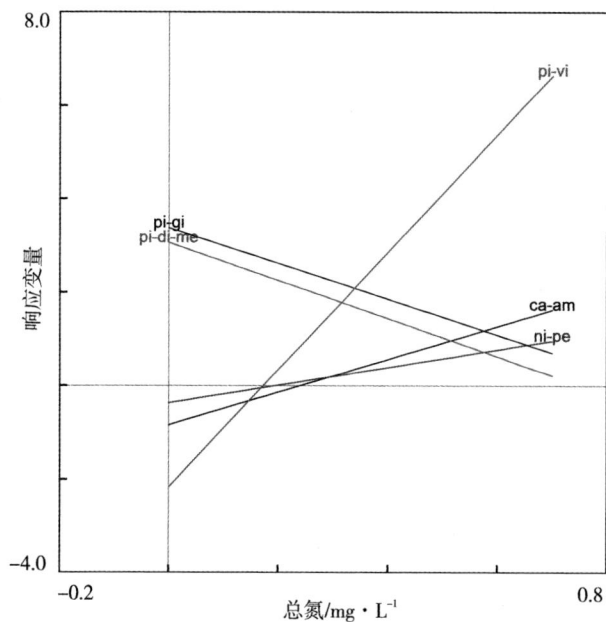

E 硅藻植物与总氮 TN 的加权多重回归

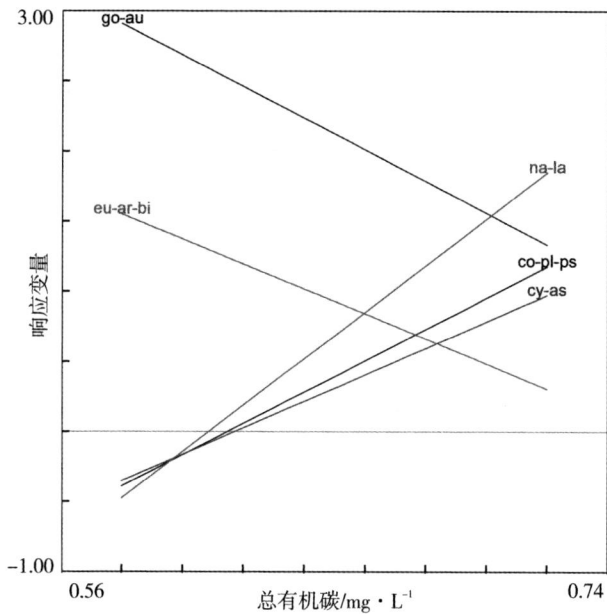

F 硅藻植物与总有机碳 TOC 的加权多重回归

图 2-17 硅藻植物与环境变量的加权多重回归

2.3.6　小结

应用典型对应分析法（CCA）对硅藻植物的属种与环境变量的相关性进行分析，探讨了不同理化指标的变化对不同采样点、不同季节的硅藻植物群落结构和分布变化的规律，分析得出溶解氧 DO 对硅藻植物群落结构的变化为最重要原因，其次为水温 WT 和总氮 TN。

第 3 章　扎龙湿地藻类植物群落结构
特征及环境相关性研究

◆◇ 3.1　材料与方法

3.1.1　采样点设置

2010 年 7 月 25 日至 2010 年 8 月 23 日对扎龙湿地进行野外样品的采集工作，利用 GPS 对每个采样点进行精确定位，基本上遍布扎龙湿地自然保护区水面的各个区域，在扎龙湿地共设置 340 个采样点，其中核心区 126 个采样点，缓冲区 104 个采样点，实验区 63 个采样点。并且根据生态特点及生态功能设置了排污区，采集样品 47 个采样点（图 3-1）。

3.1.2　藻类植物样品的采集、保存与鉴定

3.1.2.1　藻类植物样品采集与保存

用 25 号浮游生物网，在选定的采样点水中沿"∞"字形进行缓慢拖拉采集，然后提起网抖动，待水滤出，轻轻打开网头，倒入写有标签的标本瓶中，现场加入鲁哥氏液固定。定性藻类植物样品，带回实验室后镜检、鉴定；定量藻类植物样品，用 2.5L 有机玻璃采样器采集样品，定容至 1L，沉淀 24~48 小时，采用虹吸法慢慢吸去上清液，直到藻类植物浓缩到 30mL。取浓缩液 0.1mL 置于浮游植物生物计数框，显微镜（40×15 倍）下观察、鉴定、计数[117]。

3.1.2.2　藻类植物种类鉴定及数量测定

根据藻类植物色素体的颜色和形态对藻类进行分门。然后再根据藻体形态鉴定。利用显微镜（Olympus BH-2）在 15×40 倍下进行属种的鉴定。硅

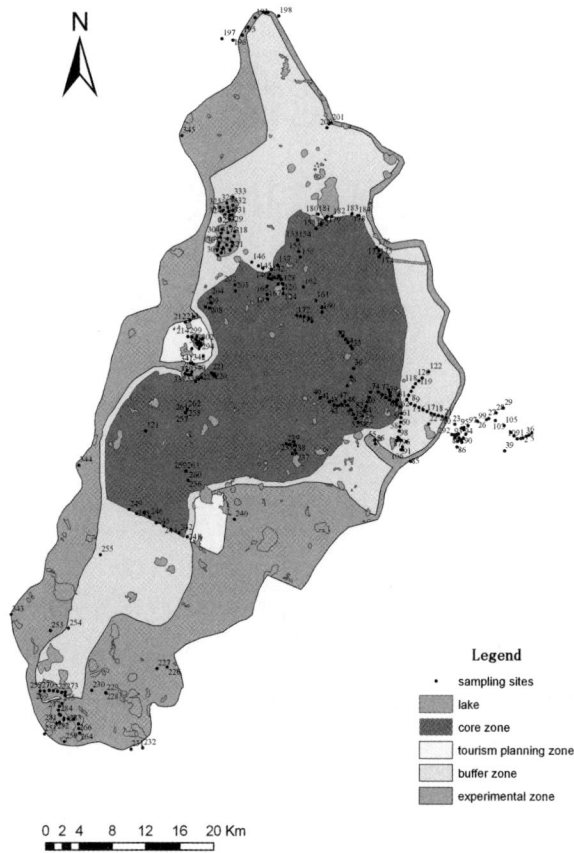

图 3-1 扎龙湿地保护区监测点分布示意图

藻植物用三种强酸（浓硫酸、浓硝酸、浓盐酸）处理后，用加拿大树胶封片，然后用显微镜在 15×100 倍下观察鉴定。藻类鉴定主要依据：胡鸿钧等、Langela-Bertalot、Krammer、Hustedt、Patrick & Reimer。种类相关的生态信息主要依据 Krammer & Langela-Bertalot、Gasse 等[118-148]。

藻类植物定量的计算方法很多，常采用视野法进行计数。利用 0.1mL 计数框显微计数，面积为 20mm×20mm，共有 100 个小方格。计数时，充分摇匀样品，用吸管在中央部吸取 0.1mL 样品放入计数框内，盖上盖玻片，保证计数框内没有气泡，尽量将标本均匀分布在盖玻片上。必要时在盖玻片边缘涂上少量的液体石蜡，以防止在计数的过程中样品的水分蒸发，出现气泡。然后在显微镜下，以一定放大倍数的视野面积计算藻类植物的数量。计数时先计算出视野面积，计数视野的数目根据样品中藻类植物数量来决定，一般计数 100-500 个视野，每个样品重复鉴定 2 次，取其平均值，每次计数的结果与其平均值之差不大于 ±15%[179]。

3.1.3　水环境理化因子的采集及测定

现场采集藻类植物标本的同时，采用美国 Manta 2 多参数水质监测仪，测定水温、pH、溶解氧、叶绿素 a。采集样点 0.5m 处水样，保存在预先准备好的 500mL 实验瓶中，然后存放在冰盒中带回实验室进行总磷、总氮、高锰酸钾指数实验分析。水质理化因子参照水分析手册[180]和国家环保总局《水和废水监测方法》[181]的标准方法进行，各指标的实验方法详细如下表 3-1：

表 3-1　理化因子的分析方法与来源

项目	分析方法或使用仪器	方法来源
pH	Manta 2	多参数水质分析仪
温度	Manta 2	多参数水质分析仪
溶解氧	Manta 2	多参数水质分析仪
电导率	Manta 2	多参数水质分析仪
叶绿素	Manta 2	多参数水质分析仪
总氮	碱性过硫酸钾消解	GB11894
总磷	钼酸铵分光光度法	GB11893
高锰酸钾指数	重铬酸钾法	GB11892
浊度	Manta 2	多参数水质分析仪

3.1.4　水环境重金属样品的采集及测定

重金属采样点设置与藻类植物和理化因子采集标本相一致。采样操作过程严格按照《环境水质监测质量保证手册》中的规定进行。表层水均在水面下 0.5m 处采集，取样容器使用前均用样点所在地的水润洗 3 次，每个采样点采集 3 次，混合均匀后用 0.45μm 滤膜过滤后装入提前净化过的聚乙烯塑料采样瓶中，加入优级纯硝酸进行酸化，将 pH 值调至 2 以下，装入冰盒，带回哈尔滨师范大学地理科学学院实验室，置于 4℃冰箱中保存，用于重金属含量的测定。

用美国安捷伦公司生产的电感耦合等离子质谱仪（Agilent 7500cx）对 Cr、Ni、Zn、Cd、Cu、As 等 20 项重金属浓度进行分析测定。为了保证数据的有效性和验证分析方法的准确性，除使用电子级硝酸（进口）外，其余试剂均为优级纯，所用的水均为 Mili-Q 制超纯水。标准采用美国 Agilent 随机标准溶液（Environmental Calibration Standard），并以 5%稀硝酸进行空白分析（扣除超纯水本底），所有的样品均设置 2 个平行样，数据自动读取后取平均值。结果表明所有待测元素的 RSD（相对标准偏差）均低于 5%，数据的精度和准确程度均符合要求。

3.1.5　数据分析及处理方法

3.1.5.1　藻类植物多样性

本研究采用 Margalef 物种丰富度指数（D）、Shannon-Weaver 多样性指数（H）进行多样性分析，计算公式如下：

Margalef 物种丰富度指数[182]：

$$D = \frac{S-1}{\ln N} \qquad (3-1)$$

式中，D 为丰富度指数，S 为藻类植物总数，N 为藻类植物个体总数。一般情般情况下，在健康的生态环境下，种类丰富度值较高；而在污染环境下，种类的丰富度较低。当 $D=0$ 时，为环境严重污染类型；$D=0\sim1$ 时，为重污染类型；$D=1\sim2$ 时，为中度污染类型；$D=2\sim3$ 时，为轻污染类型；$D>3$ 时，为清洁类型。

其 Shannon-Weaver 多样性指数公式为[183]：

$$H = -\sum_{i=1}^{s}\left(\frac{n_i}{N}\ln\frac{n_i}{N}\right) \qquad (3-2)$$

式中，H 为多样性指数，n_i 为第 i 种藻类植物的个体数，N 为藻类植物总数。当 $H=0\sim1$ 时，为重污染类型；当 $H=1\sim3$ 时，为中污染类型，其中 $H=1\sim2$ 时，为 α-中污染，$H=2\sim3$ 时，为 β-中污染；当 $H>3$ 时，为清洁类型。

该项种类多样性指数具有三个特点：第一，选用的样品可全部鉴定分类到种（不一定要定出种名，只需确定为一个种），也可以全部分类到属或科进行此多样性指数值的计算，但分类越细，其指数的灵敏性越好，H 值越精确；第二，H 值不仅对污染有反应，对其他环境因子（如流速、水深等）也有反应；第三，在应用此多样性指数进行水质评价时，需要有 3 个以上的平行样，其得出的结果更为准确[184]。

3.1.5.2　营养状态指数（TSI）

营养状态指数（TSI）评价法是综合多项理化因子，例如，叶绿素 a 浓度、透明度、总氮、总磷、化学需氧量等，将其转换为营养状态指数，对水体营养状态进行分级的方法。最早是由 Carlson（1977）建立，此方法由于可对水体营养状态进行连续的数值化的分级，因此对湖泊、水库等富营养化机理的定量研究提供基础[185]。监测扎龙湿地保护区各采样点的叶绿素 a（Chl-a）、总磷（TP）、总氮（TN）、高锰酸钾指数（COD$_{Mn}$），按照以下公式计算综合营养状态指数[186]：

$$TLI(\Sigma) = \sum_{j=1}^{m} W_j TLI(j) \tag{3-3}$$

式中，TLI（Σ）为营养状态指数，TLI 代表第 j 个变量的营养状态指数；W_j 为第 j 个变量的权重。选取叶绿素 a 为基准变量，则第 j 个变量的标准化公式为：

$$W_j = \frac{r_{ij}^2}{\sum_{j=1}^{m} r_{ij}^2} \tag{3-4}$$

式中，r_{ij} 为第 j 个变量与基准变量叶绿素 a 相关系数；m 为引入变量个数，取叶绿素 a 与其他变量之间相关关系 r_{ij}、r_{ij}^2，即：叶绿素 a 的 $r_{ij}=1$，$r_{ij}^2=1$；总磷的 $r_{ij}=0.84$，$r_{ij}^2=0.7056$；总氮的 $r_{ij}=0.82$，$r_{ij}^2=0.6724$；高锰酸盐指数的 $r_{ij}=0.03$，$r_{ij}^2=0.6009$[157]。营养状态指数计算公式：

$$TSI（Chla）= 10（2.5+1.086\ln Chla） \tag{3-5}$$

$$TSI（TP）= 10（9.436+1.624\ln TP） \tag{3-6}$$

$$TSI（TN）= 10（5.453+1.694\ln TN） \tag{3-7}$$

$$TSI（COD_{Mn}）= 10（0.109+2.66\ln COD_{Mn}） \tag{3-8}$$

3.1.5.3　重金属健康风险评价模型

美国环境保护局（USEPA）在健康风险评价方面做了大量的工作，并且取得了丰硕的成果，颁布了各种风险评价手册[187-188]。按照国际标准可将有害重金属分为化学致癌物和非化学致癌两类进行评价。化学致癌物所致健康危害的风险计算公式为[189]：

$$P_i = \frac{1-\exp（-D_i \times q_i）}{70} \tag{3-9}$$

式中 P_i 为致癌物 i 通过摄入途径产生的平均个人致癌风险（a^{-1}）；D_i 为致癌物 i 通过摄入途径的单位体重日均暴露剂量（$mg \cdot kg^{-1} \cdot day^{-1}$）；$q_i$ 为致癌物 i 通过摄入途径的日均参考剂量（$mg \cdot kg^{-1} \cdot day^{-1}$）$^{-1}$；70 为人均寿命（$a^{-1}$）。其中，摄入途径的单位体重日均暴露剂量，公式为：

$$D_i = \frac{C_i \times IR \times EF \times ED}{BW \times AT} \tag{3-10}$$

式中，C_i 为 i 种污染物在水中的含量（$mg \cdot L^{-1}$）；IR 为当地居民日进食与水环境相关的食物量（$L \cdot day^{-1}$）；EF 为暴露频率（$day \cdot year^{-1}$）；ED 为暴露年限（year）；BW 为人体体重（kg）；AT 为总平均暴露时间（day）。

非致癌污染物所致健康危害的风险计算公式为：

$$P_j = \frac{D_j \times 10^{-6}}{RfD_j \times 70} \tag{3-11}$$

P_j 为非致癌污染物 j 通过摄入途径产生的平均个人致癌风险（a^{-1}）；D_i 为非致癌物 j 通过摄入途径的单位体重日均暴露剂量（$mg \cdot kg^{-1} \cdot day^{-1}$）；$RfD_j$ 为非致癌物 j 通过摄入途径的日均参考剂量（$mg \cdot kg^{-1} \cdot day^{-1}$）；70 为人均寿命（$a^{-1}$）。

当环境多种有毒物质共同作用于人体时，假定人体健康危害的总风险等于各单个污染物所诱发风险的总和，即各有毒物质的风险是等权且可以算术相加的，而不考虑其毒性终点和同有毒物质的协同和拮抗作用[190]。因此，总风险 P 可表示为：

$$P = P_i + P_j \tag{3-12}$$

参考剂量的采用 USEPA 综合风险信息系统 IRIS 资料。通常情况下 IRIS 代表官方机构对当前化学物质毒性资料的最新科学观点。对于 IRIS 系统中没有包含的化学物质，可以参考 USEPA 的临时毒性参数同等调查评估[191-195]（表3-2）。在目前的风险评价中，一般把 As，Cd，Cr 列为化学致癌物，而 Ni，Cu，Zn 为非致癌物。

表 3-2　风险评价模型参数

—	食物量	暴露频率	暴露年限	体重	暴露时间	致癌物日均溶剂量	非致癌物日均溶剂量
Cr	0.4	350	70	65	28002.8	41	3×10^{-3}
As	0.4	350	70	65	28002.8	1.5	3×10^{-4}

表3-2(续)

—	食物量	暴露频率	暴露年限	体重	暴露时间	致癌物日均溶剂量	非致癌物日均溶剂量
Cd	0.4	350	70	65	28002.8	0.38	$1×10^{-3}$
Ni	0.4	350	70	65	28002.8	—	$2×10^{-2}$
Zn	0.4	350	70	65	28002.8	—	0.3
Cu	0.4	350	70	65	28002.8	—	0.037

3.1.5.4 聚类分析

运用 PRIMER5.0 软件中的聚类分析（CLUSTER）和多维排序分析（MDS）两个子模块对藻类植物群落结构进行分析。以各采样点藻类植物物种的丰度作为原始数据。为降低藻类植物种类间数据的极化程度，将藻类植物丰度进行对数转化[196]：

$$Y=\log（X+1） \tag{3-13}$$

其中，X 为原始丰度，Y 为转化后丰度值。Bray-Curtis 相似性指数越高，群落组成越接近，将得到的相似矩阵，进行聚类分析和多维定标分析，建立多维定标分布图。根据压力系数（stress）确定多维定标分布图的可信程度，压力系数<0.05，说明分布图具有很好的代表性；压力系数<0.1，说明分布图为良好；压力系数<0.2，说明分布图是可信。采用 One-Way ANO-SIM 程序检验种群划分结果的差异显著性。通过 SIMPER 程序鉴定种群组内相似性和组间差异性以及对分组起主要作用的种类[197-199]。

3.1.5.5 典型对应分析

典型对应分析（Canonical Correspondence Analysis, CCA）是一种非线性多元梯度分析方法，它将对应分析与多元回归结合起来，每个步骤都与研究的环境变量进行回归运算，可以有效地研究物种分布与环境的关系[200-201]。CCA 可用于同时研究多个环境因子与群落种类之间的关系，包含信息量大，且群落种类与环境因子之间的关系可以直观地体现在排序图上。CCA 分析时需要构建种类和环境数据表，然后将数据进行标准化处理，包括物种数据至少在两个采样点均出现，而且在一个样品中相对丰度≥1%，为了获取正态分布，除 pH 值外，其余的环境指标都要进行 lg（$X+1$）转换。

主成分分析和典型对应分析采用 CANOCO4.5 完成[202]。相关性分析，逐步回归分析和地统计分析分别采用 SPSS15.0 和 ArcGIS 9.3 进行处理。

◆◇ 3.2 扎龙湿地藻类植物群落结构特征

藻类植物是湿地生态系统的重要组成部分,是水环境的初级生产力的主要贡献者,是食物链的基础环节[203]。藻类植物对物质循环和能量转化过程起着重要的作用,是水生态系统的主要起点,其组成与多样性的变化直接影响到水生态系统的结构和功能[204-205]。藻类植物群落结构组成、数量分布和多样性等特征是评价水环境质量的重要指标,同时也可以反映水环境污染情况[206]。本章主要以扎龙湿地核心区、缓冲区、实验区和排污区的藻类植物群落为研究对象,对扎龙湿地四个研究区藻类植物群落结构特点进行了分析,得出扎龙湿地藻类植物群落的种类组成、藻类细胞密度及优势种空间分布特征,通过藻类植物细胞密度、多样性指数、藻类植物指示种类、污染指示种类等方法对扎龙湿地水环境进行综合评价,为扎龙湿地水生态系统研究提供藻类植物资料和参考依据。

3.2.1 扎龙湿地藻类植物群落的空间分布特征

2010 年秋季对扎龙湿地藻类植物进行调查,研究发现该区藻类植物种类繁多,组成较为复杂。调查期间共鉴定藻类植物 354 个分类单位(附录4),隶属 6 门 8 纲 21 目 33 科 80 属 354 种,其中,绿藻门 11 科 36 属 150 种,硅藻门 10 科 24 属 116 种,蓝藻门 6 科 11 属 45 种,裸藻门 2 科 5 属 39 种,甲藻门 3 科 3 属 3 种,金藻门 1 科 1 属 1 种(表 3-3),部分分类单位见图版 X - XVII

表 3-3 扎龙湿地藻类植物群落组成

门	纲	目	科	属	种	百分比
绿藻门	2	7	11	36	150	42.4%
硅藻门	2	6	10	24	116	32.8%
蓝藻门	1	5	6	11	45	12.7%
甲藻门	1	1	3	3	3	0.85%
金藻门	1	1	1	1	1	0.28%
裸藻门	1	1	2	5	39	11.0%
总计	8	21	33	80	354	100%

从藻类植物群落组成可以明确的看出，扎龙湿地藻类植物最主要的构成类群是绿藻门植物，占总种类的 42.4%；硅藻门植物次之，占总种类的 32.8%，蓝藻门植物占总种类的 12.7%；裸藻门植物占总种类的 11.0%；甲藻门植物、隐藻门植物金藻门植物种类组成较少（图 3-2）。

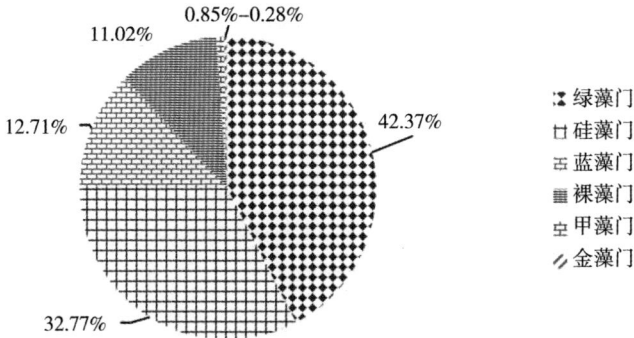

图 3-2　扎龙湿地藻类植物群落种类构成

扎龙湿地核心区共发现藻类植物 222 个分类单位，分别隶属于 6 门、8 纲、18 目、29 科、66 属、222 种（见表 3-4）。其中，绿藻门 98 个分类单位，隶属于 2 纲 6 目 11 科 33 属，占总分类单元数量的 44.14%；硅藻门 69 个分类单位，隶属于 2 纲 6 目 10 科 20 属，占总分类单元数量的 31.08%；蓝藻门 34 个分类单位，隶属于 1 纲 3 目 5 科 7 属，占总分类单元数量的 15.32%；裸藻门 19 个分类单位，隶属于 1 纲 1 目 1 科 4 属，占总分类单元数量的 8.56%；甲藻门 1 个分类单位，隶属于 1 纲 1 目 1 科 1 属，占总分类单元数量的 0.45%；金藻门 1 个分类单位，隶属于 1 纲 1 目 1 科 1 属，占总分类单元数量的 0.45%。

表 3-4　扎龙湿地核心区藻类植物群落组成

门	纲	目	科	属	种	百分比
绿藻门	2	6	11	33	98	44.14%
硅藻门	2	6	10	20	69	31.08%
蓝藻门	1	3	5	7	34	15.32%
甲藻门	1	1	1	1	1	0.45%
金藻门	1	1	1	1	1	0.45%
裸藻门	1	1	1	4	19	8.56%
总计	8	18	29	66	222	100%

扎龙湿地缓冲区共发现藻类植物 210 个分类单位，分别隶属于 6 门、8 纲、16 目、31 科、63 属、210 种（见表 3-5）。其中，绿藻门 86 个分类单位，隶属于 2 纲 7 目 11 科 31 属，占总分类单元数量的 41%；硅藻门 75 个分类单位，隶属于 2 纲 6 目 10 科 19 属，占总分类单元数量的 35.7%；蓝藻门 23 个分类单位，隶属于 1 纲 3 目 5 科 9 属，占总分类单元数量的 11%；裸藻门 23 个分类单位，隶属于 1 纲 1 目 1 科 4 属，占总分类单元数量的 11%；甲藻门 2 个分类单位，隶属于 1 纲 1 目 2 科 2 属，占总分类单元数量的 0.95%；金藻门 1 个分类单位，隶属于 1 纲 1 目 1 科 1 属，占总分类单元数量的 0.48%。

表 3-5　扎龙湿地缓冲区藻类植物群落组成

门	纲	目	科	属	种	百分比
绿藻门	2	7	11	31	86	41.00%
硅藻门	2	6	10	19	75	35.70%
蓝藻门	1	3	5	9	23	11.00%
甲藻门	1	1	2	2	2	0.95%
金藻门	1	1	1	1	1	0.48%
裸藻门	1	1	1	4	23	11.00%
总计	8	16	31	63	210	100%

扎龙湿地实验区共发现藻类植物 167 个分类单位，分别隶属于 6 门、8 纲、16 目、31 科、63 属、167 种（见表 3-6）。其中，绿藻门 76 个分类单位，隶属于 2 纲 4 目 10 科 25 属，占总分类单元数量的 45.51%；硅藻门 47 个分类单位，隶属于 2 纲 6 目 10 科 19 属，占总分类单元数量的 28.14%；蓝藻门 21 个分类单位，隶属于 1 纲 3 目 5 科 8 属，占总分类单元数量的 12.58%；裸藻门 19 个分类单位，隶属于 1 纲 1 目 2 科 5 属，占总分类单元数量的 11.37%；甲藻门 3 个分类单位，隶属于 1 纲 1 目 3 科 3 属，占总分类单元数量的 1.80%；金藻门 1 个分类单位，隶属于 1 纲 1 目 1 科 1 属，占总分类单元数量的 0.60%。

表 3-6　扎龙湿地实验区藻类植物群落组成

门	纲	目	科	属	种	百分比
绿藻门	2	4	10	25	76	45.51%
硅藻门	2	6	10	19	47	28.14%

表3-6(续)

门	纲	目	科	属	种	百分比
蓝藻门	1	3	5	8	21	12.58%
甲藻门	1	1	3	3	3	1.80%
金藻门	1	1	1	1	1	0.60%
裸藻门	1	1	2	5	19	11.37%
总计	8	16	31	63	167	100%

扎龙湿地排污区共发现藻类植物 111 个分类单位，分别隶属于 6 门、8 纲、15 目、25 科、47 属、111 种（见表3-7）。其中，绿藻门 42 个分类单位，隶属于 2 纲 5 目 11 科 20 属，占总分类单元数量的 37.84%；硅藻门 36 个分类单位，隶属于 2 纲 4 目 6 科 12 属，占总分类单元数量的 32.43%；蓝藻门 18 个分类单位，隶属于 1 纲 3 目 5 科 8 属，占总分类单元数量的 16.21%；裸藻门 13 个分类单位，隶属于 1 纲 1 目 1 科 5 属，占总分类单元数量的 11.71%；甲藻门 1 个分类单位，隶属于 1 纲 1 目 1 科 1 属，占总分类单元数量的 0.90%；金藻门 1 个分类单位，隶属于 1 纲 1 目 1 科 1 属，占总分类单元数量的 0.90%。

表 3-7　扎龙湿地排污区藻类植物群落组成

门	纲	目	科	属	种	百分比
绿藻门	2	5	11	20	42	37.84%
硅藻门	2	4	6	12	36	32.43%
蓝藻门	1	3	5	8	18	16.21%
甲藻门	1	1	1	1	1	0.90%
金藻门	1	1	1	1	1	0.90%
裸藻门	1	1	1	5	13	11.71%
总计	8	15	25	47	111	100%

3.2.2　扎龙湿地藻类植物细胞密度的空间变化

扎龙湿地藻类植物平均细胞密度为 12.71×10^6 ind/L。硅藻门细胞密度最大，为 37.82×10^6 ind/L，占藻类植物细胞密度的 49.6%；绿藻门次之，为 19.98×10^6 ind/L，占藻类植物细胞密度的 26.2%；蓝藻门位居第三，为 11.43×10^6 ind/L，占藻类植物细胞密度的 15.0%；其余依次为裸藻门细胞

密度为 4.96×10^6 ind/L，占藻类植物细胞密度的 6.5%、甲藻门细胞密度为 1.95×10^6 ind/L，占藻类植物细胞密度的 2.56%、金藻门细胞密度为 0.06×10^6 ind/L，占藻类植物细胞密度的 0.08%（表3-8）。

表3-8 扎龙湿地藻类植物密度分布

	硅藻门	绿藻门	蓝藻门	裸藻门	甲藻门	金藻门
核心区						
密度/×10⁶ ind/L	37.36	15.10	11.96	2.32	0.03	0.04
比例/%	55.90	22.60	17.90	3.48	0.06	0.05
缓冲区						
密度/×10⁶ ind/L	32.26	23.24	8.30	6.46	1.24	0.02
比例/%	45.10	32.50	11.60	9.03	1.74	0.03
实验区						
密度/×10⁶ ind/L	28.94	20.96	11.70	5.32	9.12	0.08
比例/%	38.10	27.60	15.40	7.00	12.00	0.11
排污区						
密度/×10⁶ ind/L	59.78	20.90	16.28	7.83	0.02	0.13
比例/%	56.90	19.90	15.5	7.45	0.02	0.12
均值						
密度/×10⁶ ind/L	37.82	19.98	11.43	4.96	1.95	0.06
比例/%	49.60	26.20	15.00	6.50	2.56	0.08

扎龙湿地四个研究区的藻类植物细胞密度存在着一定差异。扎龙湿地核心区藻类植物平均细胞密度为 11.14×10^6 ind/L。硅藻门细胞密度最大，为 37.36×10^6 ind/L，占核心区藻类植物细胞密度的 55.9%；绿藻门次之，为 15.10×10^6 ind/L，占核心区藻类植物细胞密度的 22.6%；蓝藻门位居第三，为 11.96×10^6 ind/L，占核心区藻类植物细胞密度的 17.9%；其余依次为裸藻门细胞密度为 2.32×10^6 ind/L，占核心区藻类植物细胞密度的 3.48%、金藻门细胞密度为 0.04×10^6 ind/L，占核心区藻类植物细胞密度的 0.05%、甲藻门细胞密度为 0.03×10^6 ind/L，占核心区藻类植物细胞密度的 0.06%。

扎龙湿地缓冲区藻类植物平均细胞密度为 11.92×10^6 ind/L。硅藻门细胞密度最大，为 32.26×10^6 ind/L，占缓冲区藻类植物细胞密度的 45.1%；绿藻门次之，为 23.24×10^6 ind/L，占缓冲区藻类植物细胞密度的 32.5%；蓝藻门位居第三，为 8.30×10^6 ind/L，占缓冲区藻类植物细胞密度的

11.6%；其余依次为裸藻门细胞密度为 6.46×10⁶ ind/L，占缓冲区藻类植物细胞密度的 9.03%、甲藻门细胞密度为 1.24×10⁶ ind/L，占缓冲区藻类植物细胞密度的 1.74%、金藻门细胞密度为 0.08×10⁶ ind/L，占缓冲区藻类植物细胞密度的 0.03%。

扎龙湿地实验区藻类植物平均细胞密度为 12.66×10⁶ ind/L。硅藻门细胞密度最大，为 28.94×10⁶ ind/L，占实验区藻类植物细胞密度的 38.1%；绿藻门次之，为 20.96×10⁶ ind/L，占实验区藻类植物细胞密度的 27.6%；蓝藻门位居第三，为 11.70×10⁶ ind/L，占实验区藻类植物细胞密度的 15.4%；其余依次为甲藻门细胞密度为 9.12×10⁶ ind/L，占实验区藻类植物细胞密度的 12.0%、裸藻门细胞密度为 5.32×10⁶ ind/L，占实验区藻类植物细胞密度的 7.00%、金藻门细胞密度为 0.08×10⁶ ind/L，占实验区藻类植物细胞密度的 0.11%。

扎龙湿地排污区藻类植物平均细胞密度为 17.51×10⁶ ind/L。硅藻门细胞密度最大，为 59.78×10⁶ ind/L，占排污区藻类植物细胞密度的 56.9%；绿藻门次之，为 20.90×10⁶ ind/L，占排污区藻类植物细胞密度的 19.9%；蓝藻门位居第三，为 16.28×10⁶ ind/L，占排污区藻类植物细胞密度的 15.5%；其余依次为裸藻门细胞密度为 7.83×10⁶ ind/L，占排污区藻类植物细胞密度的 7.45%、金藻门细胞密度为 0.13×10⁶ ind/L，占排污区藻类植物细胞密度的 0.12%、甲藻门细胞密度为 0.02×10⁶ ind/L，占排污区藻类植物细胞密度的 0.02%。

3.2.3　扎龙湿地藻类植物优势种的空间分布特征

扎龙湿地藻类植物优势种（出现频率×占藻类植物丰度百分比，大于 0.02）随着空间的变化呈现出不同的变化趋势（附录 5）。本研究期间，扎龙湿地藻类植物主要的优势种包括（表 3-9），异极藻属（*Gomphonema*）、放射舟形藻（*Navicula radiosa*）、梅尼小环藻（*Cyclotella meneghiniana*）、普通小球藻（*Chlorella vulgaris*）、旋转囊裸藻（*Trachelomonas volvocina*）、菱形藻属（*Nitzschia*）等。

扎龙湿地核心区藻类植物优势种包括，异极藻属、放射舟形藻、弯棒杆藻（*Rhopalodia gibba*）、菱形藻、舟形藻属（*Navicula*）、扁圆卵形藻（*Cocconeis placentula*）、月形短缝藻（*Eunotion lunaris*）、水绵（*Spirogyra link*）、圆柱鱼腥藻（*Anabaena cylindrica*）、尖布纹藻（*Gyrosigma acuminatum*）、拟

短形颤藻（*Oscillatoria subbrevis*）、梅尼小环藻等。

表 3-9 扎龙湿地藻类植物优势种

区域	优势种	相对丰度	出现频率	优势度
核心区	异极藻属 *Gomphonema*	1.25	0.46	0.58
	放射舟形藻 *Navicula radiosa*	0.89	0.54	0.48
	弯棒杆藻 *Rhopalodia gibba*	0.41	0.69	0.28
	小球藻 *Chlorella vulgaris*	0.31	0.69	0.21
	菱形藻 *Nitzschia*	0.31	0.46	0.14
	舟形藻属 *Navicula*	0.29	0.46	0.13
	扁圆卵形藻 *Cocconeis placentula*	0.27	0.38	0.10
	月形短缝藻 *Eunotion lunaris*	0.26	0.54	0.14
缓冲区	梅尼小环藻 *Cyclotella meneghiniana*	0.63	0.38	0.24
	小球藻 *Chlorella vulgaris*	0.59	0.75	0.44
	旋转囊裸藻 *Trachelomonas volvocina*	0.49	0.63	0.31
	菱形藻 *Nitzschia*	0.45	0.31	0.14
	尖布纹藻 *Gyrosigma acuminatum*	0.39	0.38	0.15
	变异直链藻 *Melosira varians*	0.38	0.19	0.07
	小形月牙藻 *Selenastrum minutum*	0.37	0.31	0.11
	颗粒直链藻极狭变种 *Melosira granulata* var. *angustissima*	0.33	0.25	0.08
	钝脆杆藻 *Fragilaria capucina*	0.26	0.38	0.09
实验区	角甲藻 *Ceratium hirundinella*	0.87	0.63	0.55
	颗粒直链藻 *Melosira granulata*	0.49	0.38	0.19
	变异直链藻 *Melosira varians*	0.34	0.50	0.17
	旋转囊裸藻 *Trachelomonas volvocina*	0.19	0.63	0.12
	梅尼小环藻 *Cyclotella meneghiniana*	0.20	0.25	0.05
	小球藻 *Chlorella vulgaris*	0.17	0.75	0.13
	近线形菱形藻 *Nitzschia sublinearisoides*	0.11	0.25	0.03
	水华微囊藻 *Microcystis flosaquae*	0.10	0.50	0.05

表3-9(续)

区域	优势种	相对丰度	出现频率	优势度
排污区	铜绿微囊藻 *Microcystis aeruginosa*	0.87	0.63	0.55
	菱形藻 *Nitzschia*	0.71	0.88	0.62
	梅尼小环藻 *Cyclotella meneghiniana*	0.59	0.89	0.53
	谷皮菱形藻 *Nitzschina palea*	0.39	0.38	0.15
	小球藻 *Chlorella vulgaris*	0.37	0.63	0.23
	巨颤藻 *Oscillatoria princes*	0.26	0.63	0.16
	固氮鱼腥藻 *Anabaena azotica*	0.22	0.50	0.11
	旋转囊裸藻 *Trachelomonas volvocina*	0.21	0.63	0.13
	圆柱鱼腥藻 *Anabaena cylindrica*	0.16	0.50	0.08
	钝脆杆藻 *Fragilaria capucina*	0.10	0.50	0.05

扎龙湿地缓冲区藻类植物优势种包括，梅尼小环藻、普通小球藻、旋转囊裸藻、菱形藻、尖布纹藻、变异直链藻（*Melosira varians*）、小形月牙藻（*Selenastrum minutum*）、放射舟形藻、极大节旋藻（*Arthrospira maxima*）、颗粒直链藻极狭变种（*Melosira granulata* var. *angustissima*）、钝脆杆藻（*Fragilaria capucina*）、小空星藻（*Coelastrum microporum*）等。

扎龙湿地实验区藻类植物优势种包括，角甲藻（*Ceratium hirundinella*）、颗粒直链藻（*Melosira granulata*）、变异直链藻、菱形藻、弯曲栅藻（*Scenedesmus arcuatus*）、梅尼小环藻、旋转囊裸藻、普通小球藻、极小桥弯藻（*Cymbella perpusilla*）、近线形菱形藻（*Nitzschia sublinearisoides*）、短棘盘星藻（*Pediastrum boryanum*）、水华微囊藻（*Microcystis flos-aquae*）、鞘丝藻（*Lyngbya*）等。

扎龙湿地排污区藻类植物优势种包括，菱形藻、梅尼小环藻、普通小球藻、巨颤藻（*Oscillatoria princes*）、固氮鱼腥藻（*Anabaena azotica*）、旋转囊裸藻、拟短形颤藻、微小色球藻（*Chroococcus minutus*）、圆柱鱼腥藻、双对栅藻（*Scenedesmus bijuga*）、铜绿微囊藻（*Microcystis aeruginosa*）、钝脆杆藻等。

3.2.4 藻类植物群落结构分析

3.2.4.1 藻类植物群落划分

对扎龙湿地藻类植物种类的丰度进行标准化处理，构建 Bray-Curtis 相似矩阵，然后进行聚类分析和多维标度分析。结果见图3-3和3-4。

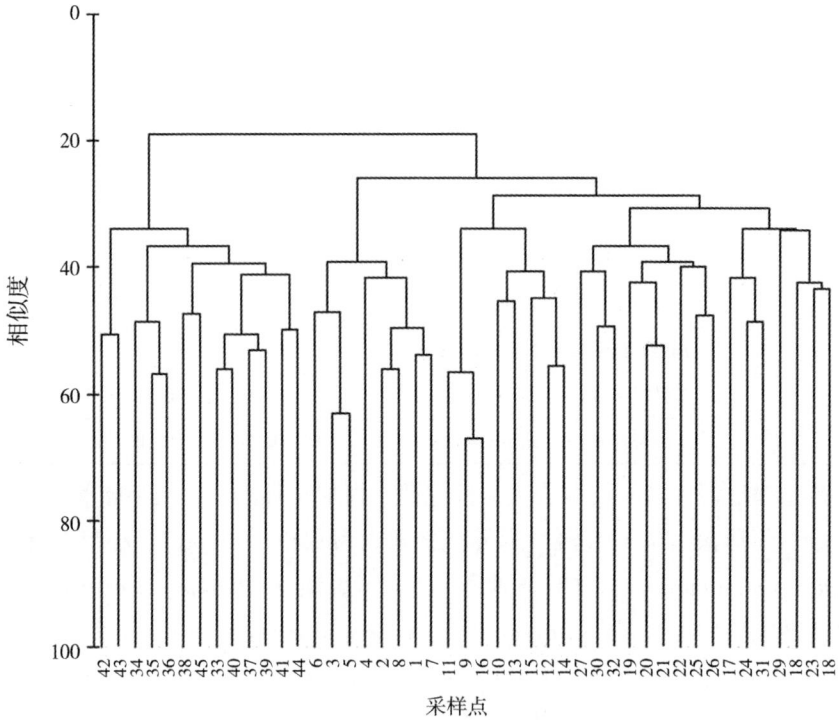

图3-3　扎龙湿地藻类丰度聚类分析

通过藻类植物丰度与采样点聚类分析，可将45个采样点划分为4组（图3-4）。二维多维标度分析结果的压力系数（stress＝0.19），可以看出分布图良好，说明排序图对解释种群间的相似关系的结果是可信的。One-Way ANOSIM检验证实了以藻类植物种类丰度矩阵划分的4个组群之间的差异显著。

3.2.4.2　藻类植物群落相似性分析

通过SIMPER对组群内相似性的主要贡献种类和组间差异性主要贡献的种类进行了分析，得出在组群划分中贡献较大的群落。结果表明，各研究区组群的组内相似性不高，但组间差异性较高（表3-10）。

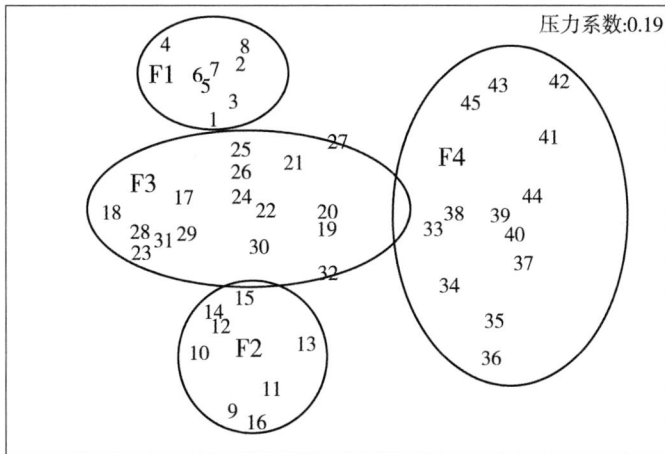

图 3-4   扎龙湿地藻类丰度多维标度分析

表 3-10   扎龙湿地藻类植物组群内相似性及组群间非相似性

组群	平均相似性	平均非相似性		
		F1	F2	F3
F1	43.50	–	–	–
F2	40.13	73.93	–	–
F3	34.26	74.01	71.29	–
F4	39.01	84.50	81.10	79.33

对组群内相似性和组群间差异性贡献较大的种类如表 3-10 所示。通过 SIMPER 分析表明，组群 F1 组内的平均相似性为 43.50%，17 个分类单元对 F1 组内的相似性影响较大，累积贡献率达 90.53%。主要代表种类有：梅尼小环藻、圆柱鱼腥藻、旋转囊裸藻、菱形藻、谷皮菱形藻（*Nitzschina palea*）、普通小球藻。

组群 F2 组内的平均相似性为 40.13%，21 个分类单位对 F2 组内的相似性影响较大，累积贡献率达 90.69%。主要代表种类有：角甲藻、变异直链藻、梅尼小环藻、普通小球藻、颗粒直链藻、粘连色球藻（*Chroococcus heloeticus*）等。

组群 F3 组内的平均相似性为 34.26%，26 个分类单位对 F3 组内的相似性影响较大，累积贡献率达 90.43%。主要代表种类有：钝脆杆藻、普通小球藻、变异直链藻、尖布纹藻、旋转囊裸藻、菱形藻等。

组群 F4 组内的平均相似性为 39.01%，28 个分类单位对 F4 组内的相似性影响较大，累积贡献率达 90.05%。主要代表种类有：月形短缝藻、扁圆卵形藻、普通小球藻、小形异极藻（*Gomphonema parvulum*）、菱形藻属、放射舟形藻、粘连色球藻等。

60 个分类单位对组群 F1 和 F2 组间差异起主要贡献作用，累积率达 90.36%，组群 F1 和 F2 组间非相似性为 73.93%，对组群差异起主要贡献的种类有：谷皮菱形藻、角甲藻、铜绿微囊藻、普通小球藻、变异直链藻、颗粒直链藻等。

69 个分类单位对组群 F1 和 F3 组间差异起主要贡献作用，累积率达 90.07%，组群 F1 和 F3 组间非相似性为 74.01%，对组群差异起主要贡献的种类有：肘状针杆藻（*Synedra ulna*）、镰形纤维藻（*Ankistrodesmus falcatus*）、肥壮蹄形藻（*Kirohneriella obesa*）、隐头舟形藻（*Navicula cryptocephala*）、哑铃扁裸藻（*Phacus peteloti*）、矩圆囊裸藻（*Trachelomonas oblonga*）等。

67 个分类单位对组群 F2 和 F3 组间差异起主要贡献作用，累积率达 90.03%，组群 F2 和 F3 组间非相似性为 71.29%，对组群差异起主要贡献的种类有：巨大粘球藻（*Gloeocapsa gigas*）、弯曲栅藻、小形月牙藻、近胡瓜鼓藻（*Cosmarium subcucumis*）、盐生舟形藻（*Navicula salinarum*）、粗大微囊藻（*Microcystis robusta*）等。

72 个分类单位对组群 F1 和 F4 组间差异起主要贡献作用，累积率达 90.37%，组群 F1 和 F4 组间非相似性为 84.50%，对组群差异起主要贡献的种类有：微星鼓藻属（*Micrasterias*）、边缘微囊藻（*Microcystis marginata*）、针形纤维藻（*Ankistrodesmus*）、钝脆杆藻、美丽网球藻（*Dictyosphaerium ehrenbergianum*）、断裂颤藻（*Oscillatoria fraca*）等。

66 个分类单位对组群 F2 和 F4 组间差异起主要贡献作用，累积率达 90.56%，组群 F2 和 F4 组间非相似性为 81.10%，对组群差异起主要贡献的种类有：扁圆卵形藻、颗粒直链藻、小形异极藻、菱形藻属、旋转囊裸藻、固氮鱼腥藻（*Anabaena azotic*）等。

70 个分类单位对组群 F3 和 F4 组间差异起主要贡献作用，累积率达 90.00%，组群 F3 和 F4 组间非相似性为 79.33%，对组群差异起主要贡献的种类有：梨形扁裸藻（*Phacus pyrum*）、扁圆卵形藻多孔变种、四角盘星藻（*Pediastrum tetras*）、颗粒直链藻极狭变种、丝状棘接鼓（*Onychonema filiforme*）等。

表 3-11 扎龙湿地藻类植物组群内相似性分析（10^4ind/L）

中文名	拉丁名	F1	F2	F3	F4
梅尼小环藻	Cyclotella meneghiniana	11.06	5.03	2.54	0.00
拟短形颤藻	Oscillatoria subbrevis	2.58	0.00	0.00	1.19
针形纤维藻	Ankistrodesmus acicularis	0.57	0.00	0.00	0.00
固氮鱼腥藻	Anabaena azotica	2.78	0.00	0.86	1.66
圆柱鱼腥藻	Anabaena cylindrica	3.73	0.90	0.00	1.65
镰形纤维藻	Ankistrodesmus falcatus	0.00	0.86	0.49	1.09
角甲藻	Ceratium hirundinella	0.00	15.29	0.00	0.00
粘连色球藻	Chroococcus heloeticus	0.00	0.96	0.91	1.08
普通小球藻	Chlorella vulgaris	27.83	7.86	4.65	3.32
具角鼓藻	Cosmarium angulosum	0.00	0.00	0.00	0.67
布莱鼓藻	Cosmarium blyttii	0.00	0.00	0.00	0.76
小空星藻	Coelastrum microporum	0.00	0.43	1.60	0.00
扁圆卵形藻	Cocconeis placentula	0.00	0.00	0.00	6.36
近胡瓜鼓藻	Cosmarium subcucumis	0.00	0.51	0.00	0.87
箱型桥弯藻	Cymbella cistula	4.50	0.00	0.00	0.00
草鞋形波缘藻	Cymatopleura solea	5.89	0.00	0.00	0.00
偏肿桥弯藻	Cymbella ventricosa	0.00	0.00	0.35	0.89
凹顶鼓藻	Euastrum ansatum	0.00	0.00	0.00	0.56
月形短缝藻	Eunotion lunaris	0.00	0.00	0.00	14.86
钝脆杆藻	Fragilaria capucina	7.88	0.00	4.57	0.00
洛氏菱形藻	Nitzschia lorenziana	0.00	0.00	0.00	0.68
卷曲纤维藻	Ankistrodesmus convolutus	0.00	0.00	0.00	2.05
缢缩异极藻	Gomphonema constrictum	0.00	0.47	0.00	0.00
小形异极藻	Gomphonema parvulum	0.00	0.00	0.00	0.62
尖布纹藻	Gyrosigma acuminatum	3.11	0.00	2.36	0.00
肥壮蹄形藻	Kirohneriella obesa	0.00	0.00	0.66	0.00
鞘丝藻	Lyngbya	0.00	0.00	0.00	0.72
优美平裂藻	Merismopedia elegans	0.00	0.45	0.00	0.00
颗粒直链藻	Melosira granulate	0.00	6.75	0.00	0.00
细小平裂藻	Merismopedia minima	0.00	0.00	1.28	0.00
变异直链藻	Melosira varians	0.00	7.56	5.20	0.00
铜绿微囊藻	Microcystis aeruginosa	11.50	0.00	1.08	0.00

表3-11(续)

中文名	拉丁名	F1	F2	F3	F4
微星鼓藻属	*Micrasterias*	0.00	0.00	0.00	6.15
水华微囊藻	*Microcystis flosaquae*	0.00	1.28	0.00	0.00
巨大粘球藻	*Gloeocapsa gigas*	10.97	0.65	3.62	2.26
隐头舟形藻	*Navicula cryptocephala*	0.00	1.75	0.00	0.00
急尖舟形藻	*Navicula cuspidata*	3.75	0.00	0.00	0.00
放射舟形藻	*Navicula radiosa*	0.00	0.00	2.39	6.92
盐生舟形藻	*Navicula salinarum*	0.00	0.00	1.11	0.00
边缘微囊藻	*Microcystis marginata*	2.50	0.00	0.00	0.00
谷皮菱形藻	*Nitzschina palea*	10.03	0.00	0.00	0.00
菱形藻	*Nitzschia*	9.63	4.08	3.44	2.42
颗粒颤藻	*Oscillatoria granulata*	0.00	0.00	0.00	0.73
巨颤藻	*Oscillatoria princes*	0.00	0.00	0.00	3.29
短棘盘星藻	*Pediastrum boryanum*	0.00	1.38	0.00	0.00
哑铃扁裸藻	*Phacus peteloti*	0.00	0.55	0.00	0.00
弯棒杆藻	*Rhopalodia gibba*	0.00	0.00	0.78	3.15
尖形栅藻	*Scendesmus acutiformis*	0.00	0.00	0.73	0.00
弯曲栅藻	*Scenedesmus arcuatus*	0.00	3.07	0.00	0.00
四尾栅藻	*Scenedesmus quadricauda*	0.00	0.00	0.63	0.00
小形月牙藻	*Selenastrum minutum*	1.55	0.00	2.33	0.00
粗大微囊藻	*Microcystis robusta*	0.00	0.00	1.21	1.77
肘状针杆藻	*Synedra ulna*	0.00	0.00	1.07	0.00
矩圆囊裸藻	*Trachelomonas oblonga*	0.00	0.00	1.06	0.51
拟花冠囊裸藻	*Trachelomonas subcoronetta*	0.00	0.49	0.56	0.00
旋转囊裸藻	*Trachelomonas volvocina*	5.40	1.20	1.60	1.14

　　藻类植物是水体中的初级生产者，它能够影响和改变水体的环境因子。藻类植物对水质变化反应较为敏感，当水体受到污染并超过了藻类植物耐受的范围时，藻类植物的生长和繁殖便会受到较大的影响。从扎龙湿地藻类植物监测结果可知，藻类植物在空间分布上存在着异质性。藻类植物的空间变化规律为，核心区藻类植物种类的丰富度最多（222种），其次为缓冲区（藻类植物的丰富度为210种），然后是实验区（藻类植物的丰富度为167种）和排污区（藻类植物的丰富度为111种），绿藻门和硅藻门的丰富度在四个区都是最多的，这表明扎龙湿地研究区域为绿藻-硅藻型，同时这也表

明了绿藻和硅藻能够适应多变的生态环境。这种藻类群落类型属于中营养水体[207-209]。

不同的水体环境营养状态具有不同的藻类植物组成和优势种类[210]。扎龙湿地藻类植物通过 PRIMER 分析，分为四类组群，组群 F4 的样点大部分分布在核心区，该区人为影响相对较小，浮水植物和挺水植物的覆盖度较大，水体自净能力较强，出现月形短缝藻、微星鼓藻（Micrasterias）、放射舟形藻等常生活在贫营养水体中，值得一提的是，Gasse（1986）曾报道放射舟形藻很常见，属普生种，并提出这个种类常出现在中性，适度电解质的水体中[139]，Krammer & Lang-Bertalot（1991）则报道这个种类几乎出现在所有不同的淡水环境[141]，而 Krammer & Lang-Bertalot（2004）又指出该种是贫到中营养的种类，对污水（下水道的水）比较敏感[142]，这说明放射舟形藻的生态幅较广。在我们的研究中，尽管不同采样期水环境不尽相同，但根据放射舟形藻在采样点的分布特点来看，可以把这个种类作为指示寡污带生态环境的指示种；组群 F2 和 F3 在同一个大组群中，其样点主要分布在实验区和缓冲区，乌裕尔河的工业废水、生活污水及周边水田灌区的农业污染流入扎龙湿地，出现了梅尼小环藻、普通小球藻（Chlorellavulgaris）、角甲藻、颗粒直链藻、旋转囊裸藻等中–富营养指示种，而梅尼小环藻属嗜碱、适盐种，在富营养化水环境中生长，在咸水、浅水湖泊及沟渠中常见，可以作为中营养水体的指示种[138]，旋转囊裸藻（Trachelomonas volvocina）为广布种，当其大量繁殖时，水体呈现黄褐色，常出现在有机质丰富的水体中[211]；组群 F1 的样点主要分布在排污区，林甸县的生活污水和工业废水直接排入湿地，造成鱼类及禽鸟中毒死亡[98]。由于水质污染严重，出现大量富营养的指示种，如普通小球藻、巨颤藻、铜绿微囊藻、钝脆杆藻等，这表明水环境的污染情况与藻类植物群落种类的变化有着密切的相关性，客观地反映出藻类植物可以用于监测水环境营养状态。

3.2.5　藻类植物与水体状态分析

3.2.5.1　藻类植物细胞密度与水体状态分析

当藻类植物细胞密度≤0.5×10^6 ind/L 水质为极贫营养型；细胞密度≤1.0×10^6 ind/L 时，水质为贫营养型；细胞密度≤10.0×10^6 ind/L 时，水质为贫中营养型；细胞密度≤40.0×10^6 ind/L 时，水质为中营养型；细胞密度

≤80.0×10⁶ ind/L 时，水质为中富营养型；细胞密度≤100.0×10⁶ ind/L 时，水质为富营养型；细胞密度>100.0×10⁶ ind/L 时，水质为极富营养型。扎龙湿地水体中藻类植物的细胞密度在 $7×10^6～27.9×10^6$ ind/L 之间（图3-5），其中贫营养型占 11.1%，中营养型占 88.9%，分析结果表明扎龙湿地水体处于中营养型。

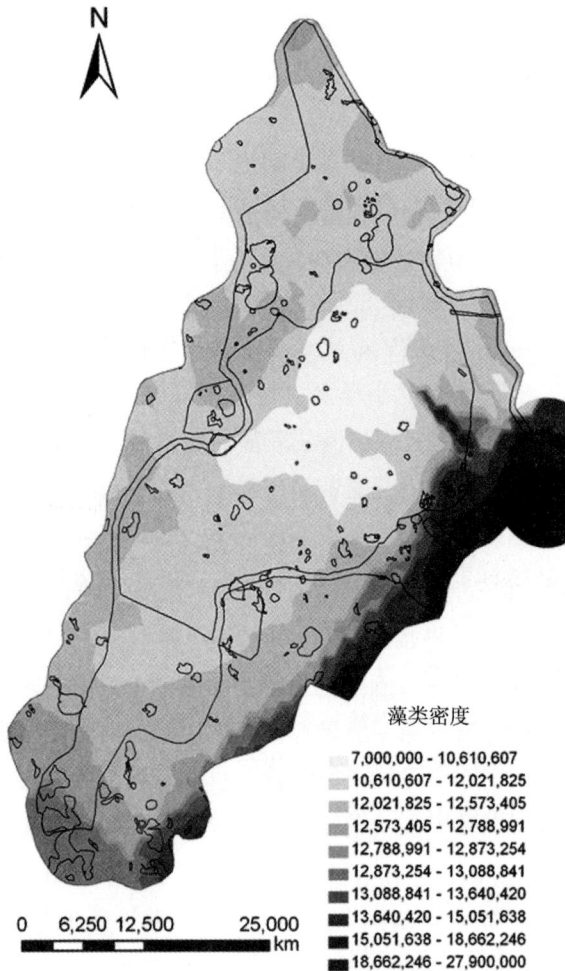

图3-5 扎龙湿地藻类植物密度

3.2.5.2 藻类植物多样性与水体状态分析

生物多样性指数能很好反映水质的实际情况，多样性指数发生变化可以间接说明藻类植物的群落结构和生物量的变化[212-213]，并且藻类植物多样性的变化也会影响到生态系统对环境变化的恢复力、抵抗力和稳定性[214-216]。通过对扎龙湿地藻类植物不同研究区采样点的多样性进行分析表明（图3-6）：扎龙湿地藻类植物的多样性指数在排污区、实验区、缓冲区和核心区这4个研究区域各不相同。调查期间，Margalef 丰富度指数和 Shannon-Weaver 多样性指数的最小值出现在排污区，Margalef 丰富度指数和 Shannon-Weaver 多样性指数的最大值出现在核心区。Shannon-Weaver 多样性指数在 1.26 至 2.96 之间，根据 Shannon-Weaver 多样性指数[229]（大于 3.30 时为贫营养型，在 0.93 至 3.30 之间为中营养型，在小于 0.93 时为富营养型）表明，扎龙湿地 Shannon-Weaver 多样性指数属于中营养型。

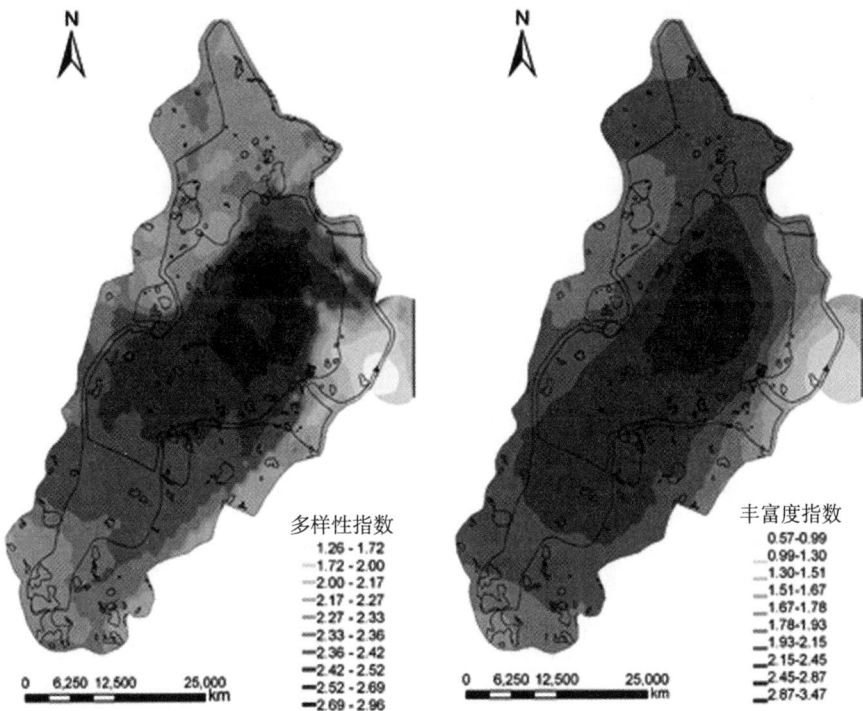

图 3-6 扎龙湿地水体中藻类植物多样性指数

扎龙湿地藻类植物 Margalef 丰富度指数在 0.79 至 3.47 之间，根据标准（当 Margalef 丰富度指数大于 3 为清洁类型；在 2 至 3 之间为轻度污染类型；在 1 至 2 之间为中度污染类型；在 0 至 1 之间为重污染类型）可知，扎龙湿地水体清洁类型占 2%，轻度污染类型占 32%，中度污染类型占 56%，重度污染类型占 10%。这些数据表明扎龙湿地水体大部分为中度污染类型。

3.2.5.3 藻类植物优势种与水体状态分析

扎龙湿地藻类植物优势种为放射舟形藻、梅尼小环藻、异极藻属、普通小球藻、旋转囊裸藻、菱形藻属等。从表 3-9 可以看出，不同采样点的优势种具有一定的差异。核心区优势种为放射舟形藻、月形短缝藻（*Eunotion lunaris*）、舟形藻属等；缓冲区优势种为梅尼小环藻、小球藻、旋转囊裸藻等；实验区优势种为角甲藻、颗粒直链藻、旋转囊裸藻等；排污区优势种为铜绿微囊藻、梅尼小环藻、谷皮菱形藻等。扎龙湿地藻类植物的优势种组群，主要是以绿藻门为主，其次为硅藻门。扎龙湿地群落类型为绿藻-硅藻型，根据藻类植物划分污染等级[217]，可以推断扎龙湿地属于中污带水质。根据水体中出现的优势种种类，如梅尼小环藻、普通小球藻、角甲藻、颗粒直链藻、旋转囊裸藻等主要分布在中-富营养的水体中，其大量出现并成为扎龙湿地的优势种，这表明研究区域的水体处于中-富营养状态。

3.2.5.4 藻类污染指示种类与水体状态分析

Palmer（1969）通过整理 165 位作者的 295 篇报告，对耐受有机污染的藻类作出综合分析，其范围涉及到 240 属 725 种 125 变种和变型的藻类植物。根据文献中曾提到的耐污程度，对藻类植物进行了指示作用的评分[160]。对能耐污的 20 属藻类植物，分别给予不同的污染指示数值。扎龙湿地发现的藻类植物中，评分的污染指示值为：异极藻属是 1，直链藻属（*Melosira*）是 1，小环藻属（*Cyclotella*）是 1，针杆藻属（*Synedra*）是 2，纤维藻属（*Ankistrodesmus*）是 2，舟形藻属（*Navicula*）是 3，菱形藻属（*Nitzschia*）是 3，栅藻属（*Scenedes*）是 4，裸藻属（*Euglena*）是 5 等。值得注意点是，同一属的不同种类，其耐污染的程度是不同的，如 *Nitzschia acicularis* 的指数是 1，而 *Nitzschia palea* 的指数是 5，所以在监测中根据属指示污染不够准确。Pribil 和 Lhotsk 根据某种生物在不同污染带生理的相对重要性，给予不同种类以不一样的污染指示值。这为不同污染带提出了指示生物，值越大指示的污染价值越大[161]。扎龙湿地藻类植物的污染指示种类状况分析结果如表 3-12 所示。

调查发现，扎龙湿地藻类植物的种类组成上，寡污带指示种 7 个分类单位，β-中污带指示种 21 个分类单位，α-中污带指示种 12 个分类单位，多污带指示种 1 个分类单位，由此可以看出藻类植物少数属于寡污带指示种，大部分种类属于 β-中污带和 α-中污带指示种。

表 3-12　藻类植物污染指示状况表

藻类	指示的污染带				
–	寡污带	β-中污带	α-中污带	多污带	污染指示值
Amphora ovalis		+			1
Cocconeis placentula		+			2
Cocconeis placentulavar. euglypta	+				2
Coelastrum microporum		+			2
Cyclotella meneghiniana			+		3
Cymbella affinis	+				2
Cymbella ventricosa		+			1
Eudorina elegans		+			3
Euglena acus		+			2
Euglena oxyuris		+			3
Euglena pisciformis			+		1
Euglena spirogyra		+	+		3
Euglena viridis			+	+	1
Eunotia lunaris	+				
Fragilaria capucina			+		3
Gomphonema acuminatum		+			3
Gomphonema constrictum		+			3
Gomphonema parvulum		+	+		1
Hantzschia amphioxys	+				
Melosira varians		+	+		2
Merismopedia minima			+		3
Merismopedia tenuissima			+		4
Navicula cryptocephala		+			3
Navicula radiosa		+			2
Nitzschia palea	+				5
Oscillatoria subbrevis			+		3

表3-12(续)

藻类	指示的污染带				
Oscillatoria tenuis			+		4
Pandorina morum		+			2
Pediastrum duplex		+			2
Rhopalodia gibba	+				
Scenedesmus bijuga		+			2
Scenedesmus denticulatus		+			2
Surirella angustata		+			3
Trachelomonas hispida		+			2
Trachelomonas volvocina	+	+	+		2

3.2.5.5 指示生物法与水体状态分析

在生物监测技术使用的早期，Kolkwitz 和 Marrson 提出了"污生系统"。他们利用生物种类在不同的污染程度下耐受范围，将其分为四个污染带，即寡污带、α-中污带、β-中污带、多污带，这个系统的提出得到了广泛应用[218]。在鉴定到的不同指示藻类，寡污带的指示藻类主要有：梅尼鼓藻（*Cosmarium meneghinii*）、月形短缝藻、*Gomphonema angustatum*、细长菱形藻（*Nitzschia gracilis*）；α-中污带的指示藻类主要有：纤细纤维藻（*Ankistrodesmus acicularis*）、纤细裸藻（*Euglena gracilis*）、椭圆波缘藻（*Cymatopleura elliptica*）、鱼形裸藻等；β-中污带的指示藻类主要有实球藻、梅尼小环藻、缢缩异极藻（*Gomphonema constrictum*）、变异直链藻、小型异极藻（*Gomphonema parvulum*）、旋转囊裸藻、尖尾裸藻、椭圆鳞孔藻（*Lepocinclis steinii*）、四尾栅藻、二角盘星藻（*Pediastrum duplex*）、铜绿微囊藻等；同时还有一些藻类植物处于 α-中污带和 β-中污带之间，如旋转裸藻（*Euglena spirogyra*）、短角美壁藻（*Caloneis silicula*）、偏肿桥弯藻（*Cymbella ventricosa*）等；多污带的指示藻类主要有，谷皮菱形藻（*Nitzschia palea*）、绿色裸藻（*Euglena viridis*）等。在排污区水体中，以 β-中污带的污水指示藻类种类数量最多，如巨颤藻（*Oscillatoria princeps*），据文献记载这种藻类植物在寡污带几乎不存在，但可能存在于多污带的水体中[219]，巨颤藻的出现说明扎龙湿地排污区存在着一定的污染，但由于缺乏更多的多污带的指示种，所以要结合其他的指标进行判定。在调查期间，扎龙湿地水环境中以中污带的指示藻类种类数量居多，表明扎龙湿地水质总体处于中污染状态。

3.2.5.6　小结

（1）2010 年秋季对扎龙湿地水体中藻类植物进行调查期间，共设置 340 个采样点，鉴定出藻类植物 354 个分类单位，隶属 6 门 80 属 354 种。藻类植物种类数为核心区>缓冲区>实验区>排污区，其中绿藻门植物种类最多，其次为硅藻门植物，数据分析可初步推断扎龙湿地群落类型为绿藻−硅藻型。

（2）调查期间，扎龙湿地藻类植物平均细胞密度为 12.71×106 ind/L，藻类植物细胞密度最高出现在排污区，其次为实验区，然后为缓冲区和核心区。并且在四个研究区藻类植物密度硅藻门最高，其次为绿藻门。扎龙湿地藻类植物主要的优势种包括：异极藻属、菱形藻属、梅尼小环藻、普通小球藻、旋转囊裸藻、菱形藻、角甲藻、铜绿微囊藻、颗粒直链藻、变异直链藻等。

（3）应用 PRIMER 软件对藻类植物丰度进行相似性分析，根据分析结果进行聚类及多维定标分析，可将藻类植物群落分为四个组群，F1 组群出现了富营养的指示种，如普通小球藻、巨颤藻等；F2 和 F3 组群出现了中−富营养指示种，梅尼小环藻、颗粒直链藻等；F4 组群出现了贫−中营养指数种，如月形短缝藻、微星鼓藻等。这表明四个组群的藻类植物群落与采样点生态特征具有较好的拟合性。

（4）从扎龙湿地藻类植物密度、Shannon-Weaver 多样性指数、Margalef 丰富度指数、藻类植物优势种、污染指示生物种类、指示种类组成来看，目前扎龙湿地水质处于中营养状态。

◆◇ 3.3　扎龙湿地环境因子分析

环境因子的变化对藻类植物生长有着间接或直接的影响[220-221]。藻类植物的空间分布受水温及水中营养元素等环境因子的综合影响，能够认识并掌握特定水体中藻类植物群落的组成和动态，并找到其与水体环境间的相互关系是一个比较复杂的问题[222]。因此，找出对水环境中起到主要作用的环境因子至关重要[223]。本章在研究藻类群落结构的基础上，分析了扎龙湿地环境因子的空间分布特征，对扎龙湿地环境因子进行主成分分析，确定对于水体环境影响较大的环境因子，通过营养状态指数评价水环境质量，并运用

Monte-Carlo 方法对该区健康风险进行预测，进而为扎龙湿地水质评价和水资源的保护提供可靠的科学依据。

3.3.1 扎龙湿地环境因子空间分布特征

3.3.1.1 pH 空间分布特征

pH 值反映水环境中酸性和碱性的程度，是表征水体质量的重要指标之一，与水中溶解物质的溶解度和化学特征都有密切关系，对水体中生物的生命活动也有着重要的影响。扎龙湿地水体中 pH 值变化范围为 6.25~10.1，平均值为 8.27，核心区 pH 值平均值为 8.04，缓冲区 pH 值平均值为 8.63，实验区 pH 值平均值为 8.49，排污区 pH 值平均值为 7.69（图 3-7）。

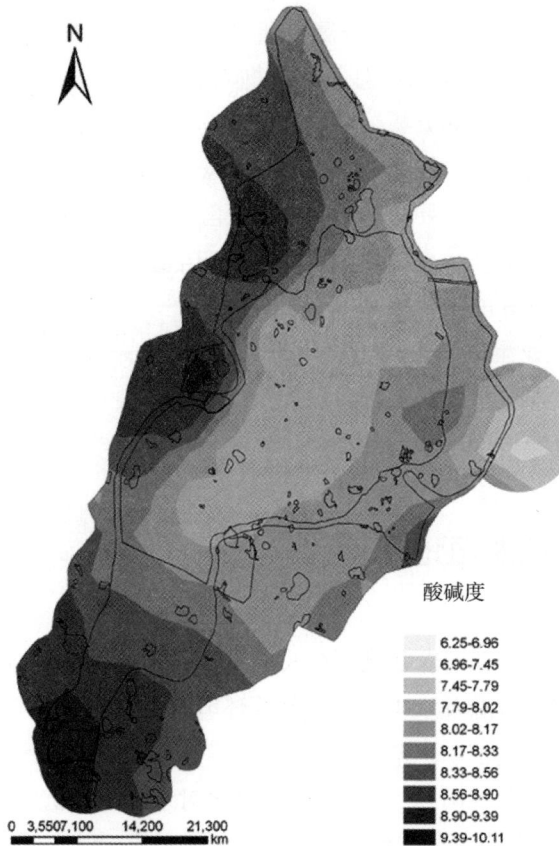

酸碱度

6.25-6.96
6.96-7.45
7.45-7.79
7.79-8.02
8.02-8.17
8.17-8.33
8.33-8.56
8.56-8.90
8.90-9.39
9.39-10.11

0　3,550　7,100　14,200　21,300
　　　　　　　　　　　　km

图 3-7　扎龙湿地 pH 值空间分布特征

3.3.1.2　电导率空间分布特征

电导率的大小可以直接反映水体中溶解盐类含量的多少，其数值可以表示水溶液传导电流的能力，同时也是估测水体被无机盐污染程度的重要指标之一。扎龙湿地水体中电导率差异较大（图 3-8），在 281.5~2260 μs/cm 之间，平均值为 764.7 μs/cm，最高值出现在排污区（1561.7 μs/cm），最低值出现在核心区（596.9 μs/cm），说明在排污区水体中溶解离子的浓度大，含盐量高，表明在排污区水体受到污染较大。

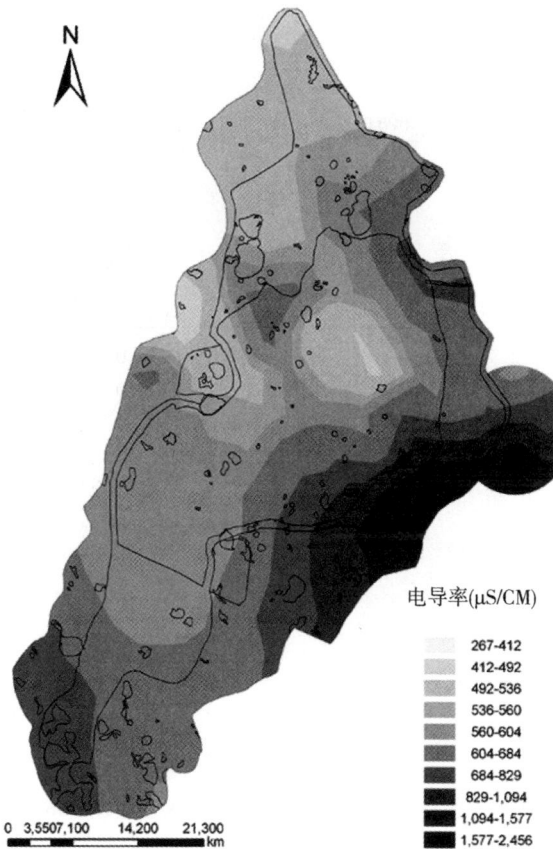

图 3-8　扎龙湿地电导率空间分布特征

3.3.1.3　总氮空间分布特征

总氮是评价水体营养状态非常重要的理化因子，影响着营养盐的水平。

扎龙湿地水体中总氮的变化范围在 0.05-0.88 mg/L （图 3-9），平均值为 0.25 mg/L。最高值出现在排污区，为 0.46 mg/L。最低值出现在核心区，为 0.22 mg/L。分析结果表明在核心区人为活动影响较少，并且挺水植物和沉水植物的覆盖度较大，对水体也起到了净化作用。

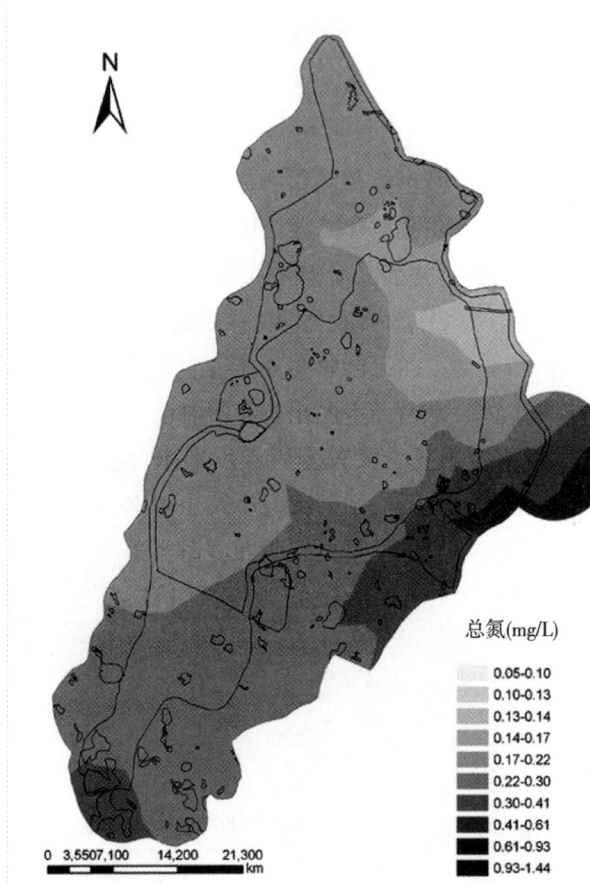

图 3-9　扎龙湿地总氮空间分布特征

3.3.1.4　总磷空间分布特征

天然水体中，总磷广泛的存在于腐殖质粒子中和水生生物中，它是磷酸生物生长的必需元素之一。当水体中磷的含量过高时，会造成藻类植物大量繁殖，使其水质恶化。扎龙湿地水体中总磷的变化趋势和总氮相似（图 3-10），总磷的最大平均值出现在排污区（0.30 mg/L），最小值出现在核心区（0.08 mg/L），总磷在排污区高的原因可能是排污渠中磷元素不断汇入，并且不排除水体流动速度缓慢，进而导致了水体自净能力下降，使其水体中磷元素的积累量增多。

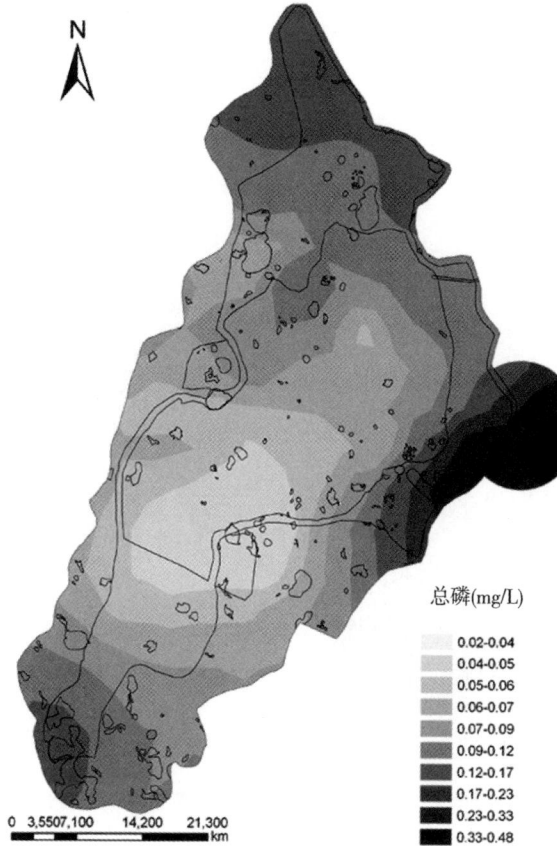

图 3-10　扎龙湿地总磷空间分布特征

3.3.1.5　高锰酸钾指数空间分布特征

高锰酸钾指数是衡量水体中有机物多少的指标之一。扎龙湿地水体中高锰酸钾指数的变化范围在 0.22~29.25 mg/L 之间（图 3-11），平均值为 12.96 mg/L。四个研究区最高平均值出现在排污区，为 17.87 mg/L，分析结果表明植物死亡腐败导致了水体中还原性物质增多，使得高锰酸盐指数浓度偏高。

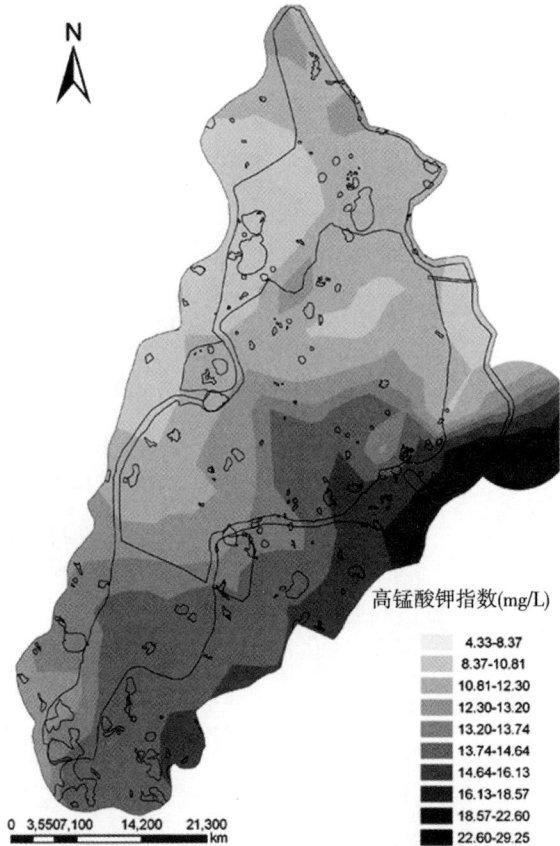

图 3-11　扎龙湿地高锰酸钾指数空间分布特征

3.3.1.6　叶绿素 a 空间分布特征

叶绿素是藻类植物的光合色素。通常利用叶绿素 a 的浓度来反映水体中藻类植物的生物量水平和水体富营养化的基本状态。扎龙湿地水体中叶绿素 a 浓度变化范围 1.13~52.46 μg/L，核心区叶绿素 a 平均值为 7.57 μg/L，缓冲区叶绿素 a 平均值为 9.32 μg/L，实验区叶绿素 a 平均值为 10.16 μg/L，排污区叶绿素 a 平均值为 17.28 μg/L。从空间分布来看（图 3-12），核心区和缓冲区差异不大，但排污区变化明显，这表明排污区水体中藻类植物细胞密度较高，水质污染较为严重。

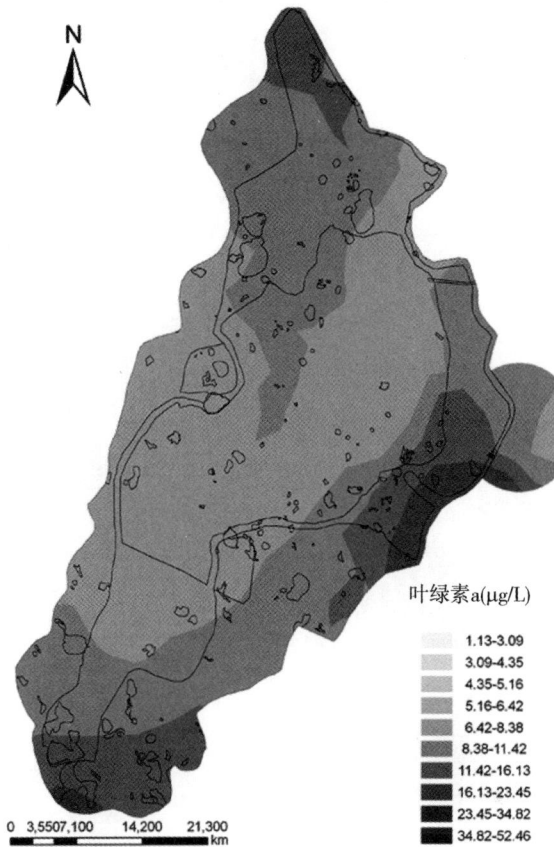

图 3-12　扎龙湿地叶绿素 a 空间分布特征

3.3.1.7　浊度空间分布特征

扎龙湿地水体中浊度的变化趋势（图 3-13）为排污区（52.34）>实验区（28.08）>缓冲区（16.04）>核心区（9.70），造成这种结果的主要原因可能是由于在排污区水质中有机悬浮物和无机悬浮物较多，人为活动干扰较大，水质污染较为严重，进而使其浊度较高。而核心区水中有机悬浮物和无机悬浮物较少，人为活动干扰较小，进而其浊度较低。

3.3.1.8　重金属铬（Cr）空间分布特征

铬广泛存在于自然环境中，它在防腐剂、电镀等方面有着广泛的用途。但经呼吸道吸入可以引起急性中毒，多见于工业事故。Cr（Ⅵ）具有一定的致癌性，它会使核蛋白和核酸沉淀，蛋白质变性，酶系统受到干扰。水环

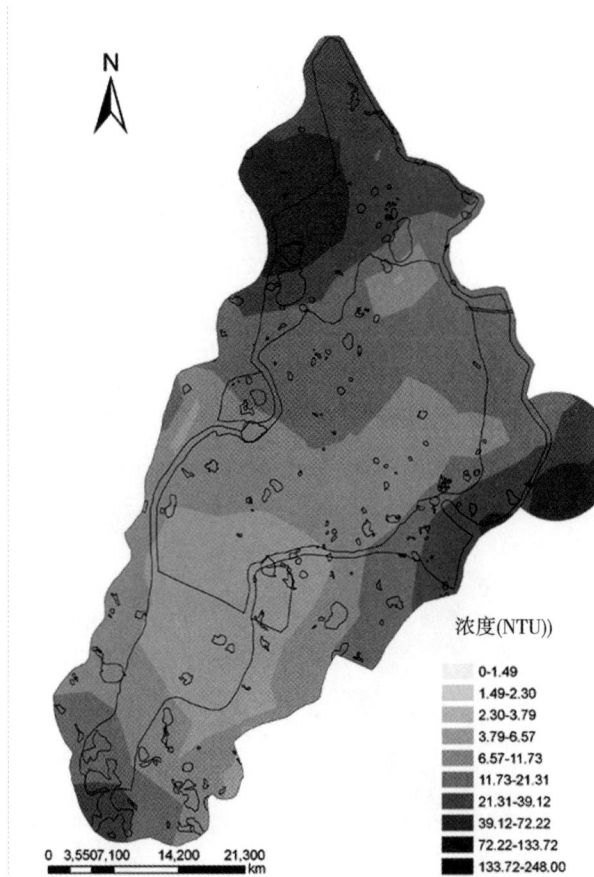

图3-13 扎龙湿地浊度空间分布特征

境中铬污染主要来源于工业废水、工业固体废物、农业灌溉等。

扎龙湿地表层水中Cr含量分布存在一定差异（图3-14）。在排污区水体中Cr的平均浓度为1.61（0.21~4.53）μg/L，符合《地表水环境质量标准（GB3838—2002）》Ⅰ类水质标准限值0.01 mg/L；Cr在实验区的平均浓度为1.42（0.01~1.42）μg/L，符合《地表水环境质量标准（GB3838—2002）》Ⅰ类水质标准限值0.01 mg/L；Cr在缓冲区的平均浓度为0.83（0.01~0.93）μg/L，符合《地表水环境质量标准（GB3838—2002）》Ⅰ类水质标准限值0.01 mg/L；Cr在核心区的平均浓度为0.63（0.01~0.74）μg/L，符合《地表水环境质量标准（GB3838—2002）》Ⅰ类水质标准限值0.01 mg/L。

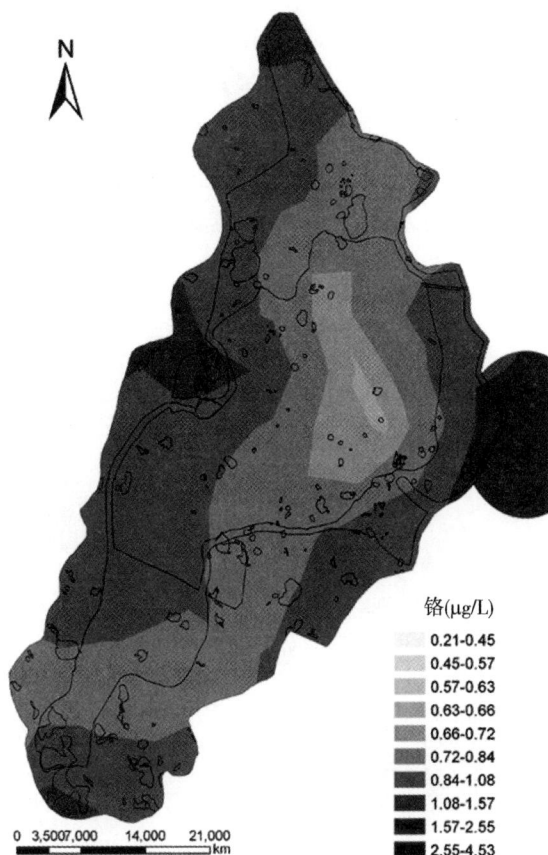

图 3-14　扎龙湿地表层水重金属 Cr 空间分布特征

3.3.1.9　重金属镍（Ni）空间分布特征

镍会对人体产生一定的过敏性反应，如果长期接触含镍的饰品，便会对皮肤产生严重的刺激。扎龙湿地表层水中 Ni 含量分布见图 3-15。在排污区水体中 Ni 的平均浓度为 1.39（0.27~7.85）μg/L，符合《地表水环境质量标准（GB3838—2002）》 I 类水质标准限值 0.005 mg/L；Ni 在实验区的平均浓度为 0.42（0.01 ~ 2.1）μg/L，符合《地表水环境质量标准（GB3838—2002）》 I 类水质标准限值 0.005 mg/L；Ni 在缓冲区的平均浓度为 0.32（0.01~1.24）μg/L，符合《地表水环境质量标准（GB3838—2002）》 I 类水质标准限值 0.005 mg/L；Ni 在核心区的平均浓度为 0.20（0.01~1.09）μg/L，符合《地表水环境质量标准（GB3838—2002）》 I

类水质标准限值 0.005 mg/L。

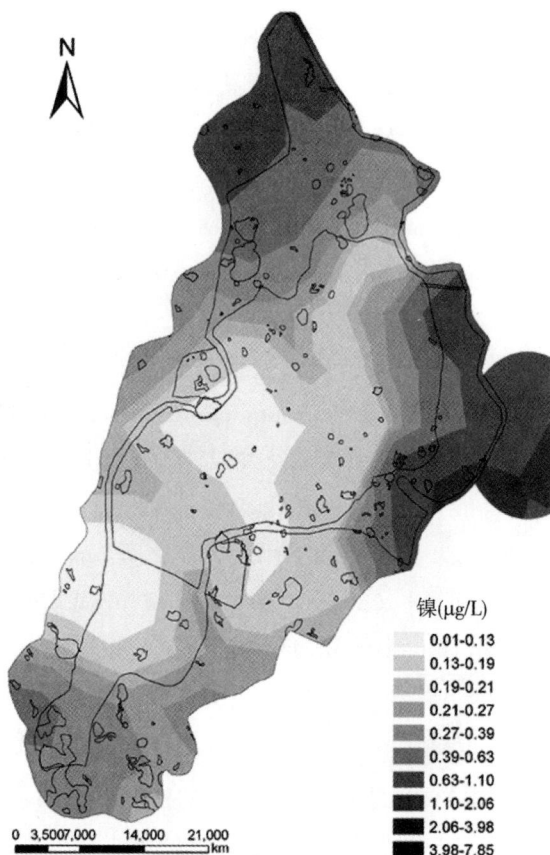

图 3-15 扎龙湿地表层水重金属 Ni 空间分布特征

3.3.1.10 重金属锌（Zn）空间分布特征

扎龙湿地表层水中 Zn 含量分布见图 3-16。在排污区水体中 Zn 的平均浓度为 0.89（0.05~5.02）μg/L，符合《地表水环境质量标准（GB3838—2002）》Ⅰ类水质标准限值 0.05 mg/L；Zn 在实验区的平均浓度为 0.67（0.01~4.91）μg/L，符合《地表水环境质量标准（GB3838—2002）》Ⅰ类水质标准限值 0.05 mg/L；Zn 在缓冲区的平均浓度为 0.38（0.01~1.32）μg/L，符合《地表水环境质量标准（GB3838—2002）》Ⅰ类水质标准限值 0.05 mg/L；Zn 在核心区的平均浓度为 0.37（0.01~1.51）μg/L，符合《地表水环境质量标准（GB3838—2002）》Ⅰ类水质标准限值 0.05 mg/L。

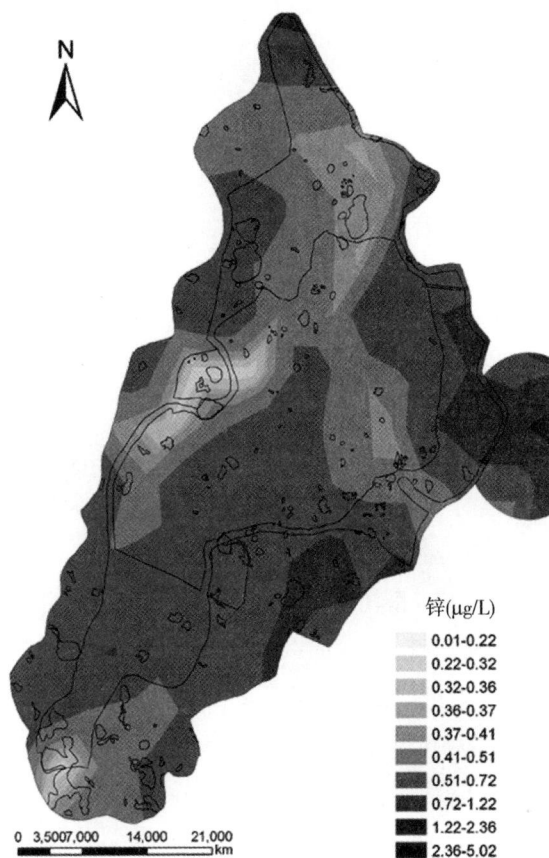

图 3-16　扎龙湿地表层水重金属 Zn 空间分布特征

3.3.1.11　重金属砷（As）空间分布特征

扎龙湿地表层水中 As 含量分布见图 3-17。As 在实验区的平均浓度为 2.96（0.09~13.00）μg/L，大部分符合《地表水环境质量标准（GB3838—2002）》Ⅰ类水质标准限值 0.05 mg/L；As 在缓冲区的平均浓度为 2.84（0.05~7.00）μg/L，符合《地表水环境质量标准（GB3838—2002）》Ⅰ类水质标准限值 0.05 mg/L；As 在核心区的平均浓度为 2.22（0.01~6.80）μg/L，符合《地表水环境质量标准（GB3838—2002）》Ⅰ类水质标准限值 0.05 mg/L。

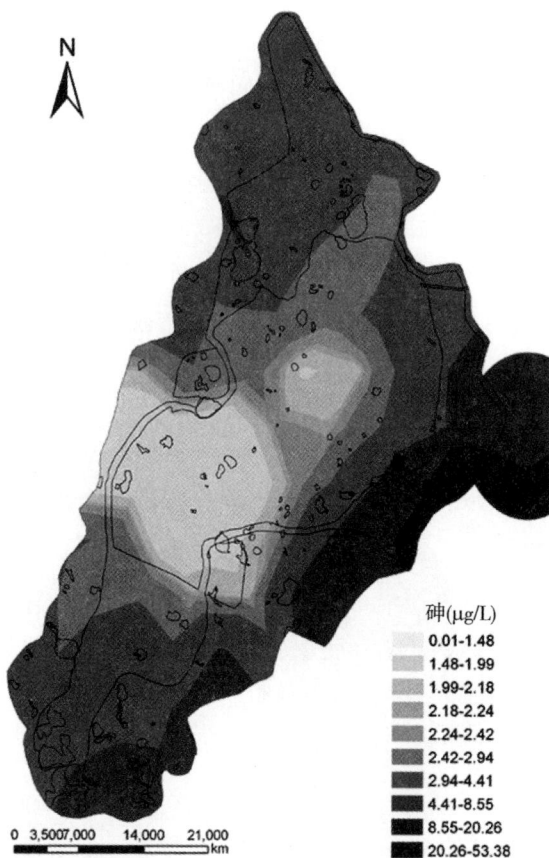

图 3-17　扎龙湿地表层水重金属 As 空间分布特征

3.3.1.12　重金属镉（Cd）空间分布特征

扎龙湿地表层水中 Cd 含量分布见图 3-18。在排污区水体中 Cd 的平均浓度为 0.1242（0.12～0.18）μg/L，符合《地表水环境质量标准（GB3838—2002）》Ⅰ类水质标准限值 0.001 mg/L；Cd 在实验区的平均浓度为 0.1219（0.12～0.14）μg/L，符合《地表水环境质量标准（GB3838—2002）》Ⅰ类水质标准限值 0.001 mg/L；Cd 在缓冲区的平均浓度为 0.1216（0.12～0.14）μg/L，符合《地表水环境质量标准（GB3838—2002）》Ⅰ类水质标准限值 0.001 mg/L；Cd 在核心区的平均浓度为 0.1215（0.12～0.13）μg/L，符合《地表水环境质量标准（GB3838—2002）》Ⅰ类水质标准限值 0.001 mg/L。

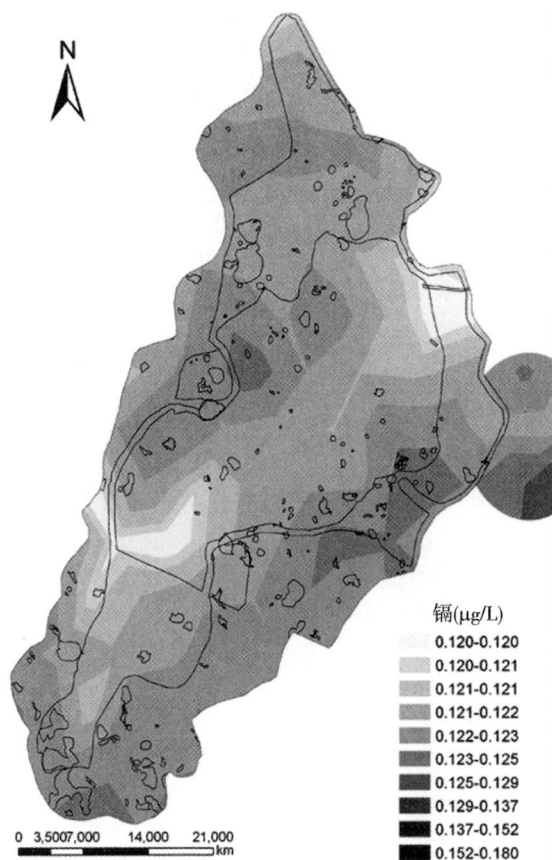

图 3-18　扎龙湿地表层水重金属 **Cd** 空间分布特征

3.3.1.13　重金属铜（Cu）空间分布特征

扎龙湿地表层水中 Cu 含量分布见图 3-19。在排污区水体中 Cu 的平均浓度为 0.26（0.01~0.80）μg/L，符合《地表水环境质量标准（GB3838—2002）》Ⅰ类水质标准限值 0.01 mg/L；Cu 在实验区的平均浓度为 0.243（0.01~0.73）μg/L，符合《地表水环境质量标准（GB3838—2002）》Ⅰ类水质标准限值 0.01 mg/L；Cu 在缓冲区的平均浓度为 0.235（0.03~0.40）μg/L，符合《地表水环境质量标准（GB3838—2002）》Ⅰ类水质标准限值 0.01 mg/L；Cu 在核心区的平均浓度为 0.20（0.02~0.40）μg/L，符合《地表水环境质量标准（GB3838—2002）》Ⅰ类水质标准限值 0.01 mg/L。

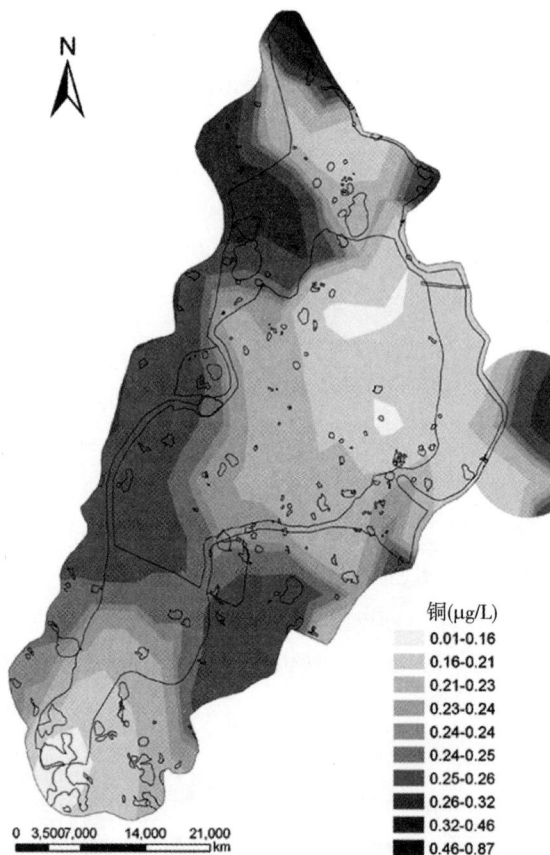

铜(μg/L)
- 0.01-0.16
- 0.16-0.21
- 0.21-0.23
- 0.23-0.24
- 0.24-0.24
- 0.24-0.25
- 0.25-0.26
- 0.26-0.32
- 0.32-0.46
- 0.46-0.87

0 3,5007,000   14,000   21,000
km

图 3-19　扎龙湿地表层水重金属 Cu 空间分布特征

3.3.2　扎龙湿地环境因子主成分分析

3.3.2.1　扎龙湿地理化因子 PCA 分析

在扎龙湿地水体研究区中选取具有典型生态特征的采样点，对水体中的叶绿素 a、酸碱度、电导率、浊度、高锰酸钾指数、总氮、总磷这 7 个变量进行主成分分析。图 3-20 所示为 2010 年秋季扎龙湿地水环境理化因子与采样点间的 PCA 分析结果，箭头表示 7 个变量因子，其中 pH 表示酸碱度、COD 表示高锰酸钾指数、Chl-a 表示叶绿素 a、SpCond 表示电导率、Turb 表示浊度、TN 表示总氮、TP 表示总磷。图中编号 1-45 表示采样点。箭头连线和排序轴的夹角代表理化因子与排序轴相关性大小：夹角越小，相关性越高；夹角越大，相关性越小。箭头所处的象限表示理化因子与排序轴间的正负相关性，箭头连线的长度表示理化因子与采样点分布相关程度的大小：连线越长，相关程度越高；连线越短，相关程度越低。

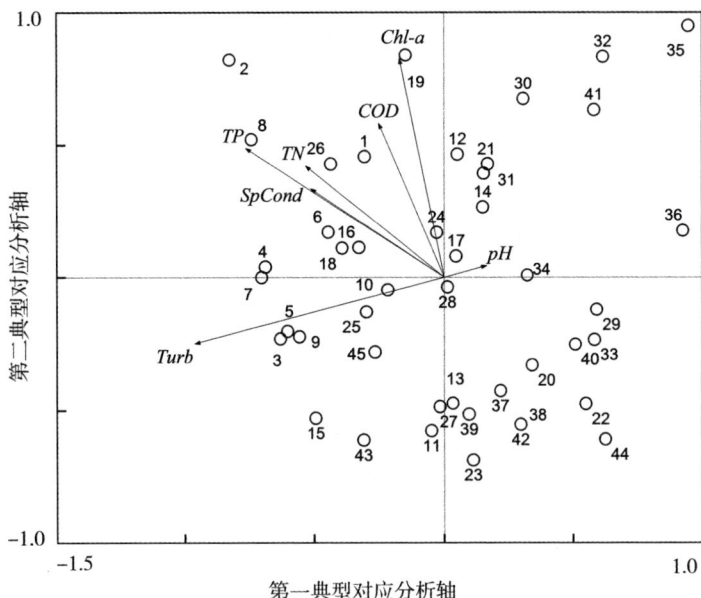

图 3-20　扎龙湿地采样点与理化因子典型对应分析

PCA 分析显示第一轴特征值为 0.562，第二轴特征值为 0.170，前二个排序轴对理化因子的解释量达 73.2%，可以表达数据的主要信息（表 3-13）。根据理化因子在主成分分析的特征值，按照每个主成分中起主要作用的理化因子可知，pH 与第一轴呈正相关；叶绿素 a、电导率、高锰酸钾指数、总氮、总磷与第二轴呈正相关。从 PCA 排序图还可以看出理化变量与采样点的关系，将理化变量射线延长，采样点垂直投影于射线上，沿着变量箭头方向环境变量值增大，理化因子值较高出现在排污区和实验区（1-8 和 9-16），较低的理化因子值出现在缓冲区和核心区（17-32 和 33-45）。

表 3-13　扎龙湿地理化因子主成分分析特征值

轴	1	2	3	4
特征值	0.562	0.170	0.110	0.061
方差累计百分比%	56.2	73.2	84.2	90.4

对扎龙湿地水环境中叶绿素 a、高锰酸钾指数、总氮、总磷、电导率、浊度、酸碱度进行主成分分析，根据各因子在主成分上的特征向量（表 3-14），按照每个主成分中起主要作用的理化因子可得出表达式，第一主成分表达式为：$PCA1 = -0.1731Chl-a - 0.2521COD_{Mn} - 0.5328TN - 0.7633TP - 0.5134SpCond - 0.9632Turb + 0.1632pH$；第二主成分表达式为：$PCA2 = 0.8273Chl-a + 0.5821COD_{Mn} + 0.4218TN + 0.4877TP + 0.3351SpCond - 0.2488Turb + 0.0447pH$。从表达式可以看出，总氮、总磷、电导率、浊度在第一主成分起到主要作用，叶绿素 a 和高锰酸钾指数在第二主成分起到主要作用，且浊度、总磷、叶绿素 a 对扎龙湿地水环境起到主要作用。

表 3-14 扎龙湿地理化因子主成分分析

理化因子	主成分 1	主成分 2	主成分 3	主成分 4
Chl-a	−0.1731	0.8273	0.2062	−0.2468
COD_{Mn}	−0.2521	0.5821	−0.3635	0.1731
TN	−0.5328	0.4218	−0.3113	0.4771
TP	−0.7633	0.4877	0.0770	−0.1805
SpCond	−0.5134	0.3351	−0.2137	0.5226
Turb	−0.9632	−0.2488	0.0602	−0.0218
pH	0.1632	0.0447	0.9292	0.3162

7 个理化因子都与排序轴具有相关性，这说明理化因子之间存在着相互联系。因此可通过理化因子之间的相关矩阵进一步分析，如表 3-15，高锰酸钾指数与其他理化因子的相关性较高，高锰酸钾指数与叶绿素 a（$r = 0.2486$）、高锰酸钾指数与总氮（$r = 0.5957$）、高锰酸钾指数与总磷（$r = 0.4835$）、高锰酸钾指数与电导率（$r = 0.4280$）、高锰酸钾指数与浊度（$r = 0.1356$）都呈明显的正相关，表明水体中有机物增加时，水域中溶解盐以及悬浮物也随之增加。总磷与叶绿素 a（$r = 0.3783$）、总磷与总氮（$r = 0.5039$）、总磷与电导率（$r = 0.419$）、总磷与浊度（$r = 0.6141$）也具有较高的相关性，当水体中总磷含量较高时，水中有机和无机悬浮物较多时，溶解盐类含量增多，这些表明了环境因子之间存在着相互联系、相互制约的关系。

表 3-15 扎龙湿地理化因子的相关系数矩阵

-	叶绿素 a	高锰酸钾指数	总氮	总磷	电导率	浊度	酸碱度
Chl-a	1.0000	−	−	−	−	−	−
COD_{Mn}	0.2394	1.0000	−	−	−	−	−
TN	0.2407	0.6063	1.0000	−	−	−	−

表3-15(续)

–	叶绿素 a	高锰酸钾指数	总氮	总磷	电导率	浓度	酸碱度
TP	0.3650	0.5027	0.5305	1.0000	–	–	–
SpCond	0.2043	0.4495	0.5110	0.4425	1.0000	–	–
Turb	−0.0573	0.1709	0.4359	0.6301	0.4154	1.0000	–
pH	0.0247	−0.3909	−0.3320	−0.2053	−0.2727	−0.2490	1.0000

3.3.2.2　扎龙湿地重金属因子 PCA 分析

在扎龙湿地水体研究区中选取具有典型生态特征的采样点，对水体中的铜、镍、锌、铬、镉、砷等重金属因子进行主成分分析。图 3-21 所示为2010 年秋季扎龙湿地水环境重金属因子与采样点间的 PCA 分析结果，箭头表示 6 个重金属因子，其中 Cu 表示铜、Zn 表示锌、As 表示砷、Cd 表示镉、Cr 表示铬、Ni 表示镍。图中编号 1-45 表示采样点。箭头连线和排序轴的夹角代表重金属因子与排序轴相关性大小：夹角越小，相关性越高；夹角越大，相关性越小。箭头所处的象限表示重金属因子与排序轴间的正负相关性，箭头连线的长度表示重金属因子与采样点分布相关程度的大小：连线越长，相关程度越高；连线越短，相关程度越低。

主成分分析是通过降维的方法将多个变量简化为少数几个主成分的多元统计分析方法。这种方法能够在最大限度上保留原始数据信息，并且对高维变量进行简化和综合分析，可以客观确定各指标的权重，避免主观的随意性，具有一定的优越性，是环境质量综合评价的一种有效简单的方法。因此广泛应用于研究水体中重金属和沉积物污染中[224-230]。PCA 分析显示第一轴特征值为 0.654，第二轴特征值为 0.178，前二个排序轴的解释量达 83.3%，可以表达数据的主要信息（表 3-16）。根据重金属因子在主成分分析的特征值，按照每个主成分中起主要作用的重金属因子可知，Cu 与第一轴呈正相关；Zn 和 Cd 与第二轴呈正相关，且 Ni、Zn、Cr 和 As 对扎龙湿地水体环境起主要作用。从 PCA 排序图还可以看出重金属元素与采样点的关系，将重金属元素射线延长，采样点垂直投影于射线上，沿着变量箭头方向环境变量值增大，重金属元素值较高出现在排污区和实验区（1-8 和 9-16），较低的重金属因子值出现在缓冲区和核心区（17-32 和 33-45）。

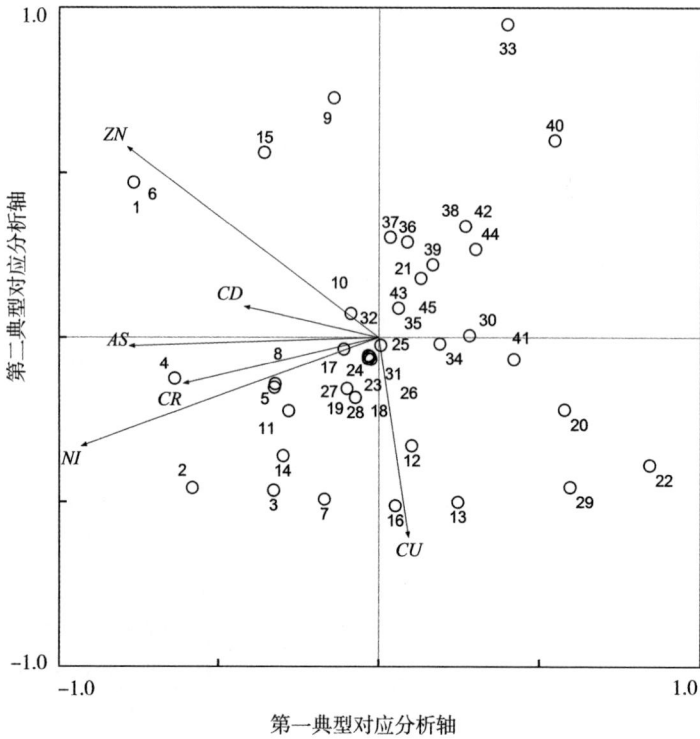

图3-21　扎龙湿地采样点与重金属因子典型对应分析

表3-16　扎龙湿地重金属主成分分析特征值

轴	1	2	3	4
特征值	0.654	0.178	0.092	0.057
方差累计百分比%	65.4	83.3	92.5	98.2

对扎龙湿地水环境中铜、镍、锌、铬等重金属因子进行主成分分析，根据各因子在主成分上的特征向量（表3-17），按照每个主成分中起主要作用的重金属因子可得出表达式，第一主成分表达式为：PCA1 = -0.6107Cr-0.9301 Ni -0.7853 Zn-0.7785 As-0.4202 Cd+0.0930 Cu；第二主成分表达式为：PCA2 = -0.1413 Cr-0.3305 Ni +0.5775 Zn-0.0263 As+0.0939 Cd-0.6073 Cu。从表达式可以看出，铬、镍、锌、砷在第一主成分起到主要作用，铜和锌在第二主成分起到主要作用，且铬、镍、锌、砷对扎龙湿地水环境起到主要作用。

表 3-17　扎龙湿地重金属元素主成分分析

重金属元素	主成分 1	主成分 2	主成分 3	主成分 4
Cr	−0.6107	−0.1413	0.4508	−0.3836
Ni	−0.9301	−0.3305	−0.0791	0.1394
Zn	−0.7853	0.5775	−0.2040	−0.0896
As	−0.7785	−0.0263	0.5452	−0.2491
Cd	−0.4202	0.0939	0.5439	−0.1826
Cu	0.0930	−0.6073	−0.5335	−0.5780

对于湿地水质而言，其地球化学特性和沉积物不同，水体具有流动性，并且对外界的自然环境比较敏感，其转化和迁移的影响因素更加复杂，所以湿地表层水中各重金属元素之间的关系难以确定，相关性不是很强。但 6 个重金属因子都与排序轴具有相关性，这说明重金属因子之间存在着相互联系。因此可通过重金属因子之间的相关矩阵进一步分析，如表 3-18，铬和砷与其他重金属因子的相关性较高，铬与镍（$r = 0.5419$），铬与锌（$r = 0.3837$），铬与砷（$r = 0.7513$），铬与镉（$r = 0.6554$），都呈明显的正相关。砷与镍（$r = 0.6598$），砷与锌（$r = 0.5154$），砷与镉（$r = 0.6527$）也具有较高的相关性，这些表明了环境因子之间存在着相互联系、相互制约的关系。

表 3-18　扎龙湿地重金属因子的相关系数矩阵

−	Cr	Ni	Zn	As	Cd	Cu
Cr	1.0000	−	−	−	−	−
Ni	0.5419	1.0000	−	−	−	−
Zn	0.3837	0.5576	1.0000	−	−	−
As	0.7513	0.6598	0.5154	1.0000	−	−
Cd	0.6554	0.2977	0.3103	0.6527	1.0000	−
Cu	−0.0295	0.0819	−0.2607	−0.1936	−0.3091	1.0000

3.3.3　扎龙湿地环境因子与水体状态分析

3.3.3.1　扎龙湿地理化因子与水体状态分析

目前关于藻类植物评价水质的研究存在一定的问题。首先，由于藻类植物的生长同是受到水环境和生物因素的双重影响；其次，属于富营养型的指示种和贫营养型的指示种常混合出现。因此不能单纯凭某些污染指示种类判断水质的污染情况，尚需结合其他理化因子进行综合评价[231]。

营养状态指数<30 时，为贫营养（Oligotropher）；营养状态指数在 30 至 50 之间时，为中营养（Mesotropher）；营养状态指数 >50 时，为富营养

（Eutropher）；营养状态指数在 50 至 60 之间时，为轻度富营养（Light eutropher）；营养状态指数在 60 至 70 之间时，为中度富营养（Middle ertropher）；营养状态指数>70 时，为重度富营养（Hyper ertropher）[186]。扎龙湿地营养状态指数总磷介于 28.38~82.44 之间（图 3-22），平均值为 56.36，为轻度

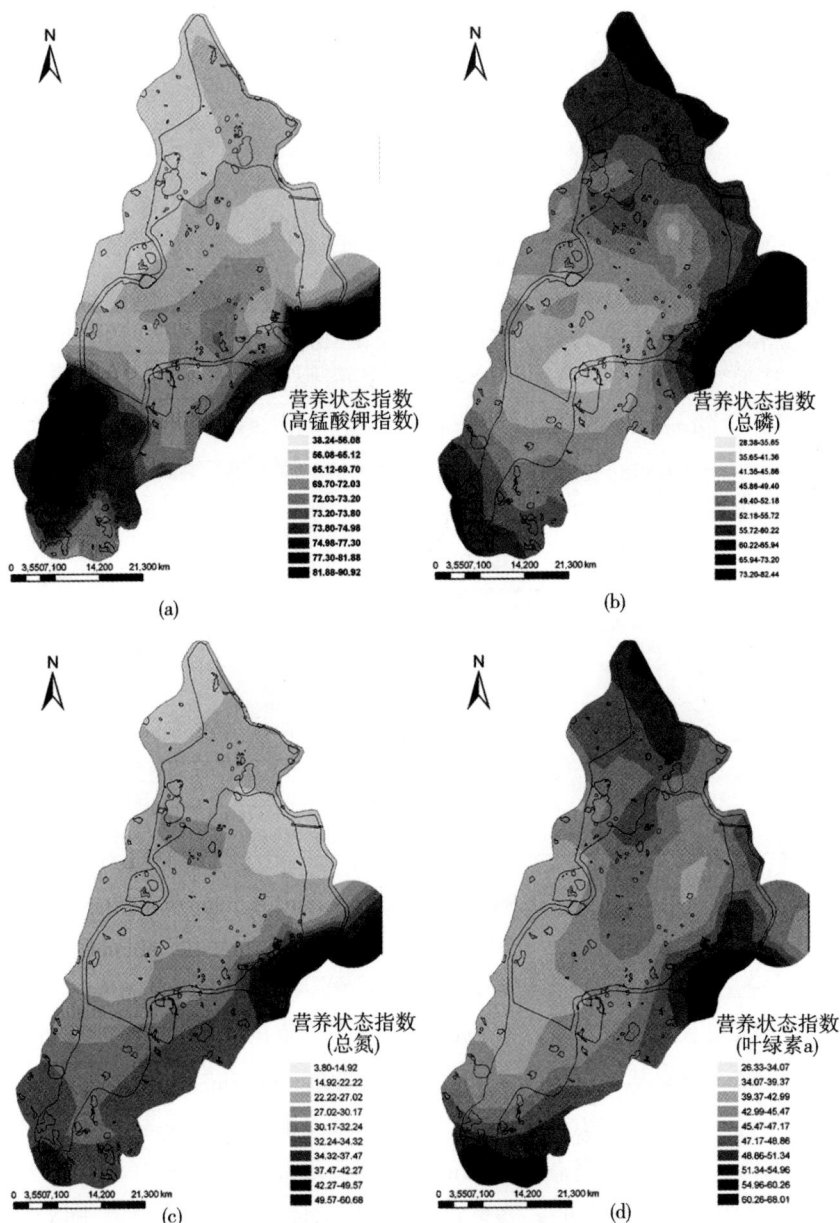

图 3-22　扎龙湿地水体各理化因子营养状态指数

富营养；高锰酸钾指数介于 38.24~90.92 之间，平均值为 68.02，为中度富营养；总氮介于 3.80~60.68 之间，平均值为 28.88，为贫营养；叶绿素 a 介于 35.26~69.13 之间，平均值为 47.11，为中营养。如果用单一理化因子评价水体，同一水体可以出现不同的营养状态，所以我们将单一的理化因子相加取其平均值作为评价水体的营养状态指数。扎龙湿地营养状态指数介于 35.26~69.13 之间，平均值为 49.10，为中营养状态。

　　扎龙湿地不同空间营养状态指数存在差异性（图 3-23）。总体来看，扎龙湿地营养状态指数为中营养占 53.9%，富营养为 47.1%，其中排污区的采样点中，中营养占 2.1%，富营养占 97.9%；实验区的采样点中，中营养占 54.2%，富营养占 45.8%；缓冲区的采样点中，中营养占 57.3%，富营养占 42.7%；核心区的采样点中，中营养占 69.9%，富营养占 31.1%。根据营养状态指数表明，扎龙湿地水体的营养状态指数为排污区>实验区>缓冲区>核心区，营养状态指数总体以中营养状态为主，水体处于中度污染状态。

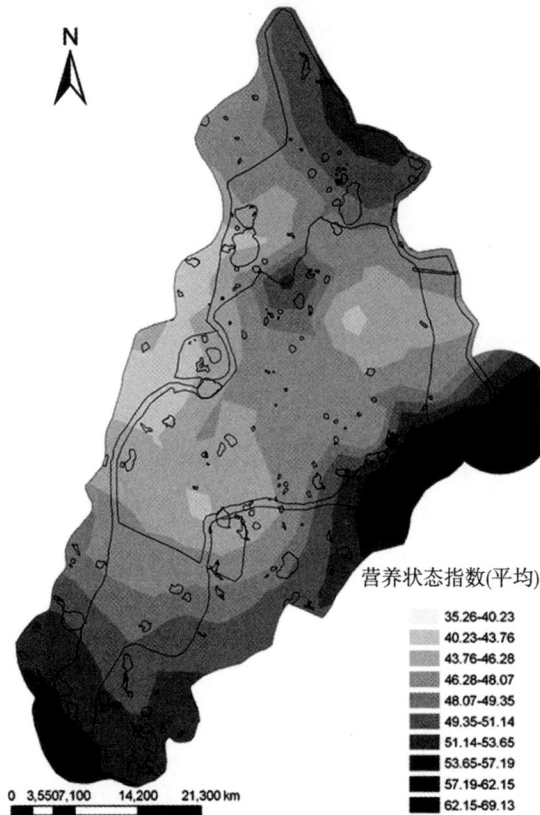

营养状态指数(平均)
35.26-40.23
40.23-43.76
43.76-46.28
46.28-48.07
48.07-49.35
49.35-51.14
51.14-53.65
53.65-57.19
57.19-62.15
62.15-69.13

0 3,5507,100 14,200 21,300 km

图 3-23　扎龙湿地水体营养状态指数

3.3.3.2 扎龙湿地重金属因子与水体状态分析

（1）扎龙湿地表层水体重金属敏感度分析。

运用水晶球软件分别对排污区、实验区、缓冲区和核心区的各元素进行敏感性分析，结果发现重金属健康风险水平的敏感性特征相似（图3-24）。重金属 Cr 在排污区、实验区、缓冲区和核心区与致癌性风险水平显著相关，在其他风险因素处于基准水平的情况下，对项目整体产生的不确定性影响贡献最大，在排污区、实验区、缓冲区和核心区分别为 87.4%、99.5%、98.5%和98.4%。As 的贡献次之，在排污区、实验区、缓冲区和核心区分别为 12.6%、0.5%、1.5%和1.6%；而重金属 Ni 在排污区、实验区、缓冲区和核心区的敏感性最大，分别为 98.9%、90.8%、86.8%和77.9%，Cu 次之，在排污区、实验区、缓冲区和核心区分别为 1.0%、8.3%、12.7%和21.1%。可见，Cr 和 Ni 的含量对致癌性风险水平和非致癌性风险水平起决定性作用。因此，从各重金属元素在各区域敏感度分析的角度来看，要降低人的致癌性风险水平，关键是控制水和食物中重金属 Cr 的含量，对于非致癌性风险水平来说，控制 Ni 在食用途径中含量是关键。

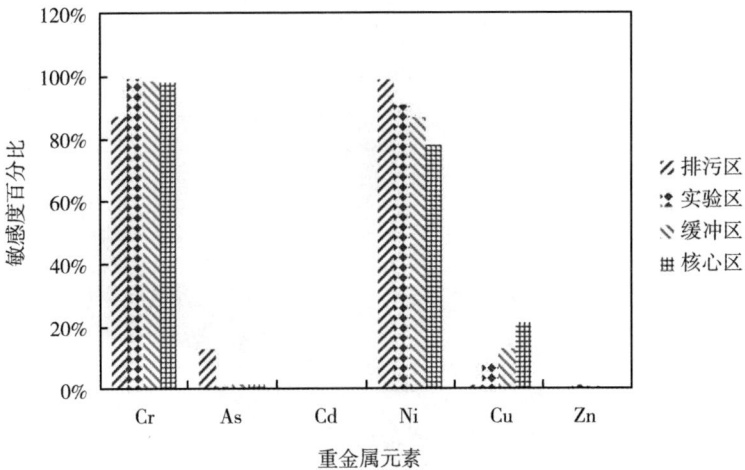

图3-24 扎龙湿地表层水体重金属各研究区敏感度分析

（2）扎龙湿地表层水体重金属健康风险预测。

①扎龙湿地表层水体重金属致癌风险分析。

根据扎龙湿地水中重金属元素数据，以及搜集整理到的相关数据，运用 Monte-Carlo 方法对健康风险分布进行预测，得出食用途径的重金属致癌风险。从表3-19可以看出，扎龙湿地水体中三种重金属以食用途径的终生致癌风险在各个研究区的均值是有差异性的。As在排污区、实验区、缓冲区和核心区的均值分别为1.40×10^{-4}、2.40×10^{-5}、2.31×10^{-5}、1.81×10^{-5}，As在排污区、实验区、缓冲区和核心区的标准偏差分别为2.31×10^{-5}、3.95×10^{-6}、3.80×10^{-6}、2.97×10^{-6}；Cd在排污区、实验区、缓冲区和核心区的均值分别为2.56×10^{-7}、2.51×10^{-7}、2.51×10^{-7}、2.50×10^{-7}，Cd在排污区、实验区、缓冲区和核心区的标准偏差分别为4.20×10^{-8}、4.12×10^{-8}、4.12×10^{-8}、4.12×10^{-8}。我们测定重金属含量时，测定的都是它们的全量，因此Cr以致癌性最强的六价Cr进行计算，Cr在排污区、实验区、缓冲区和核心区的均值分别为3.57×10^{-4}、3.16×10^{-4}、1.84×10^{-4}、1.39×10^{-4}，Cr在排污区、实验区、缓冲区和核心区的标准偏差分别为5.88×10^{-5}、5.19×10^{-5}、3.03×10^{-5}、2.28×10^{-5}。

通过分析可知，As和Cd在排污区、实验区、缓冲区和核心区的致癌风险分别在7.66×10^{-6}~2.69×10^{-4}和1.15×10^{-7}~5.07×10^{-7}之间，均低于国际辐射防护委员会（ICRP）推荐的最大可接受年风险水平5.0×10^{-5}，和终生可接受风险水平（3.5×10^{-3}）。Cr在排污区、实验区、缓冲区和核心区的致癌风险范围在6.52×10^{-5}~6.96×10^{-4}之间，虽低于最大可接受水平，但与最大可接受风险水平非常接近。通过对各区域食用途径的终生致癌风险分析，可以看出在排污区重金属As、Cd和Cr的致癌风险最大，其次依次为实验区、缓冲区和核心区，可能是原因是林甸县的工业废水、生活污水及农业污染直接排放到湿地中，造成这样的水质梯度变化[232]。

②扎龙湿地表层水体重金属非致癌风险分析。

采用Monte-Carlo方法对扎龙湿地重金属元素非致癌风险分析。从表3-20中可以看出，扎龙湿地水体中三种重金属以食用途径的终生非致癌风险在各个区域中的风险均值存在差异。Cu在排污区、实验区、缓冲区和核心区的风险均值分别为3.83×10^{-11}、3.56×10^{-11}、3.44×10^{-11}、2.94×10^{-11}，标准偏差分别为6.29×10^{-12}、5.86×10^{-12}、5.66×10^{-12}、4.83×10^{-12}；Ni在排污区、实验区、缓冲区和核心区的均值分别为3.77×10^{-10}、1.14×10^{-10}、8.64×10^{-11}、5.51×10^{-11}，标准偏差分别为6.19×10^{-11}、1.87×10^{-11}、1.42×10^{-11}、9.05×10^{-12}；Zn在排污区、实验区、缓冲区和核心区的均值分别为1.60×10^{-11}、1.21×10^{-11}、6.85×10^{-12}、6.64×10^{-12}，标准偏差分别为2.62×10^{-12}、1.99×10^{-12}、1.12×10^{-12}、1.09×10^{-12}。

表 3-19　扎龙湿地表层水体中重金属致癌风险分析

		均值	标准值	0%	10%	30%	50%	70%	90%	100%
As	C1	1.40E-04	2.31E-05	6.58E-05	1.12E-04	1.27E-04	1.39E-04	1.51E-04	1.71E-04	2.69E-04
	C2	2.40E-05	3.95E-06	1.08E-05	1.92E-05	2.18E-05	2.38E-05	2.59E-05	2.93E-05	4.79E-05
	C3	2.31E-05	3.80E-06	9.89E-06	1.84E-05	2.09E-05	2.28E-05	2.49E-05	2.81E-05	4.49E-05
	C4	1.81E-05	2.97E-06	7.66E-06	1.44E-05	1.64E-05	1.78E-05	1.95E-05	2.20E-05	3.46E-05
Cd	C1	2.56E-07	4.20E-08	1.16E-07	2.04E-07	2.32E-07	2.53E-07	2.76E-07	3.12E-07	5.01E-07
	C2	2.51E-07	4.12E-08	1.15E-07	2.00E-07	2.27E-07	2.48E-07	2.70E-07	3.06E-07	4.91E-07
	C3	2.51E-07	4.12E-08	1.18E-07	2.00E-07	2.27E-07	2.48E-07	2.70E-07	3.05E-07	4.73E-07
	C4	2.50E-07	4.12E-08	1.15E-07	2.00E-07	2.27E-07	2.47E-07	2.70E-07	3.05E-07	4.74E-07
Cr	C1	3.57E-04	5.88E-05	1.58E-04	2.85E-04	3.23E-04	3.53E-04	3.85E-04	4.35E-04	6.96E-04
	C2	3.16E-04	5.19E-05	1.45E-04	2.52E-04	2.86E-04	3.12E-04	3.40E-04	3.84E-04	6.01E-04
	C3	1.84E-04	3.03E-05	8.69E-05	1.47E-04	1.67E-04	1.82E-04	1.99E-04	2.24E-04	3.57E-04
	C4	1.39E-04	2.28E-05	6.52E-05	1.11E-04	1.26E-04	1.38E-04	1.50E-04	1.69E-04	2.67E-04

表3-20 扎龙湿地表层水体中重金属非致癌风险分析

元素		均值	标准差	0%	10%	30%	50%	70%	90%	100%
Cu	C1	3.83E-11	6.29E-12	1.63E-11	3.06E-11	3.47E-11	3.79E-11	4.13E-11	4.67E-11	7.47E-11
	C2	3.56E-11	5.86E-12	1.69E-11	2.84E-11	3.22E-11	3.52E-11	3.84E-11	4.34E-11	6.88E-11
	C3	3.44E-11	5.66E-12	1.59E-11	2.75E-11	3.12E-11	3.40E-11	3.71E-11	4.19E-11	6.53E-11
	C4	2.94E-11	4.83E-12	1.28E-11	2.35E-11	2.66E-11	2.91E-11	3.17E-11	3.58E-11	5.82E-11
Ni	C1	3.77E-10	6.19E-11	1.64E-10	3.01E-10	3.42E-10	3.73E-10	4.06E-10	4.59E-10	7.65E-10
	C2	1.14E-10	1.87E-11	5.22E-11	9.08E-11	1.03E-10	1.13E-10	1.23E-10	1.39E-10	2.16E-10
	C3	8.64E-11	1.42E-11	3.78E-11	6.90E-11	7.83E-11	8.55E-11	9.31E-11	1.05E-10	1.76E-10
	C4	5.51E-11	9.05E-12	2.48E-11	4.40E-11	4.99E-11	5.45E-11	5.94E-11	6.71E-11	1.02E-10
Zn	C1	1.60E-11	2.62E-12	7.62E-12	1.28E-11	1.45E-11	1.58E-11	1.72E-11	1.95E-11	2.94E-11
	C2	1.21E-11	1.99E-12	5.59E-12	9.67E-12	1.10E-11	1.20E-11	1.31E-11	1.48E-11	2.28E-11
	C3	6.85E-12	1.12E-12	2.56E-12	5.46E-12	6.21E-12	6.77E-12	7.38E-12	8.34E-12	1.32E-11
	C4	6.64E-12	1.09E-12	2.89E-12	5.29E-12	6.01E-12	6.56E-12	7.15E-12	8.08E-12	1.30E-11

Cu、Ni 和 Zn 在排污区、实验区、缓冲区和核心区的非致癌风险范围分别为 $1.28 \times 10^{-11} \sim 7.47 \times 10^{-11}$，$2.48 \times 10^{-11} \sim 7.65 \times 10^{-10}$，$2.56 \times 10^{-12} \sim 2.94 \times 10^{-11}$。均低于国际辐射防护委员会（ICRP）推荐的最大可接受年风险水平和终生可接受风险水平。它们对个体健康危害的个人年风险水平均集中在 10^{-11}，也就是说每百亿人口中因水质的非致癌污染物而受到健康危害的人数不到 1 人。数据分析这表明了扎龙湿地非致癌重金属所引起的健康风险甚微，不会对暴露人群构成明显的危害。

③扎龙湿地表层水体重金属总体健康风险分析。

表3-21　扎龙湿地表层水体中重金属总体风险分析

--	总风险预测			
--	排污区	实验区	缓冲区	核心区
0%	3.25E-04	1.92E-04	1.25E-04	9.23E-05
10%	4.46E-04	2.97E-04	1.83E-04	1.38E-04
20%	4.62E-04	3.11E-04	1.91E-04	1.45E-04
30%	4.74E-04	3.21E-04	1.97E-04	1.49E-04
40%	4.85E-04	3.30E-04	2.02E-04	1.53E-04
50%	4.94E-04	3.37E-04	2.06E-04	1.56E-04
60%	5.04E-04	3.45E-04	2.11E-04	1.60E-04
70%	5.14E-04	3.54E-04	2.16E-04	1.64E-04
80%	5.26E-04	3.64E-04	2.22E-04	1.68E-04
90%	5.43E-04	3.78E-04	2.30E-04	1.74E-04
100%	6.66E-04	4.78E-04	2.95E-04	2.15E-04
mean	4.94E-04	3.37E-04	2.06E-04	1.56E-04
SD	3.81E-05	3.15E-05	1.85E-05	1.40E-05

扎龙湿地表层水体中重金属元素总体风险分析（表3-21）表明，各研究区的终生致癌总风险都低于国际辐射防护委员会（ICRP）推荐的最大可接受年风险水平和终生可接受风险水平，其中在排污区健康风险平均值最大，为 4.94×10^{-4}，其次为实验区为 3.37×10^{-4}，然后为缓冲区和核心区（健康风险总均值分别为 2.06×10^{-4} 和 1.56×10^{-4}）。扎龙湿地重金属污染物中，致癌重金属对个体健康危害的个人风险远远超过非致癌重金属的风险，其风险水平要差 7-8 个数量级。其可能的原因为工业废水、生活污水等排放，如造纸业、农副食品加工、人畜粪便等，以及上游城市污染进入到河

流，顺流而下进入到扎龙湿地；铁路和汽车公路排放的尾气；大量种植农田，所产生的农药、有机肥料等，这些都造成扎龙湿地水环境中重金属污染，使水环境质量下降，水生生物多样性减少，物种灭绝，给生态环境和人类健康带来了巨大危害。调查期间重金属元素风险虽然没有超过最大可接受风险水平，但已很接近标准值，造成了潜在的生态危险，需要相关部分引起高度的注意。然而我们这次研究的暴露途径仅考虑了饮食途径，没有将人类的所有饮食；还有没有考虑其他有毒物质和暴露途径，如通过皮肤接触，吸入方式等途径，实际上低估了重金属的健康风险水平，关于这些问题我们还需要进一步的研究。

3.3.4　小结

（1）通过对扎龙湿地水体中环境因子的测定，表明扎龙湿地水体属于弱碱性、中-强电解质水质，总氮、总磷、高锰酸钾指数、浊度、叶绿素 a、铬、镉、铜、锌、镍、砷浓度大小均为排污区>实验区>缓冲区>核心区。

（2）对扎龙湿地七个理化因子进行主成分分析表明，前二个排序轴的解释量达 73.2%。酸碱度与第一轴呈正相关，叶绿素 a、电导率、高锰酸钾指数、总氮、总磷与第二轴呈正相关，且浊度、总磷、叶绿素 a 对扎龙湿地水环境起到主要作用。对扎龙湿地六个重金属因子进行主成分分析表明，前二个排序轴的解释量达 83.3%，Cu 与第一轴呈正相关，Zn 和 Cd 与第二轴呈正相关，且 Ni、Zn、Cr 和 As 对扎龙湿地水体环境起主要作用。

（3）利用扎龙湿地营养状态指数法分析表明，中营养占 53.9%，富营养为 47.1%，营养状态指数总体以中营养状态为主，水体处于中度污染状态。运用 Monte-Carlo 方法对扎龙湿地表层水体重金属健康风险分析表明，研究区总体致癌风险低于国际辐射防护委员会（ICRP）推荐的最大可接受年风险水平（5.0×10^{-5}）和终生可接受风险水平（3.5×10^{-3}），但已经很接近标准值，造成了潜在的生态危险，需要引起相关部分的高度重视。

◆◇ 3.4　扎龙湿地藻类植物与环境因子相关性

藻类植物的空间分布受水温及水中营养元素等因素的综合影响，能够认识并掌握特定水体中藻类植物群落的组成和动态，并找到其与水体环境间的相互关系是一个比较复杂的问题[222]。藻类植物生活周期较短，对环境变化能很快的做出应急反应。藻类植物对水环境变化的敏感性表现在其对营养条件的变化，如物质指标氮指标、磷指标等；总有机物体现水体污染程度，通常由高锰酸钾指数和总有机物等代表；水质的综合状况通常由 pH 值、电导率、悬浮物、重金属等指标来反映[214]。在分析藻类群落结构的基础上，运用典范对应分析方法，直观的反映出藻类属种与环境因子之间的关系，同时探讨了环境因子对藻类植物群落结构空间分布的影响及藻类植物分布对环境因子的响应，为扎龙湿地藻类植物与环境因子的研究提供基础的科学依据。

3.4.1　扎龙湿地藻类植物与理化因子相关性分析

3.4.1.1　扎龙湿地理化因子对藻类植物的影响

对扎龙湿地藻类植物属种与理化因子进行 CCA 分析，先分析藻类植物属种（降维对应分析，DCA），以确定使用单峰模型还是使用线性模型。当 DCA 分析最长排序轴长度（Lengths of gradient）大于 2，说明藻类植物属种具有单峰分布特点，可以对扎龙湿地藻类植物与理化因子进行典型对应分析。

根据藻类植物相对丰度和出现率，选取 124 个分类单位进行 CCA 分析（附录 5）。通过藻类植物属种与环境变量双轴排序图（图 3-25）分析结果所示，前两轴总氮、总磷、高锰酸钾指数、电导率、酸碱度、浊度和叶绿素 a 这 7 个理化因子对物种数据解释率为 50.2%，特征值分别为 0.464 和 0.343，其膨胀系数（VIF）都小于 20[202]，表明数据之间不存在强烈的共线性。图中部分指示作用较小的藻类植物已被删除，从属种分布来看，藻类植物绝大多数种类都围绕在轴心周围，多数属种呈现局部小团块分布，由中心密集向外围逐渐递减的趋势，并与不同的理化因子紧密相关。分析结果显示理化因子影响着藻类植物的属种分布，同时藻类植物属种的分布也受到各种理化因子的综合作用。

藻类植物的空间差异性一般认为藻类植物存在时空上的不规律分布[233]。除受自身生物学特性的影响外，还受到如温度、光照、营养盐等环境因子的影响[234-236]。营养盐是藻类植物生存的物质基础，它的含量变化对于藻类植物数量变动的影响更为重要[237]。而湿地和其他水体一样，藻类植物的动态在很大程度上与水动力学有关，不同的生态类型具有不同主要影响

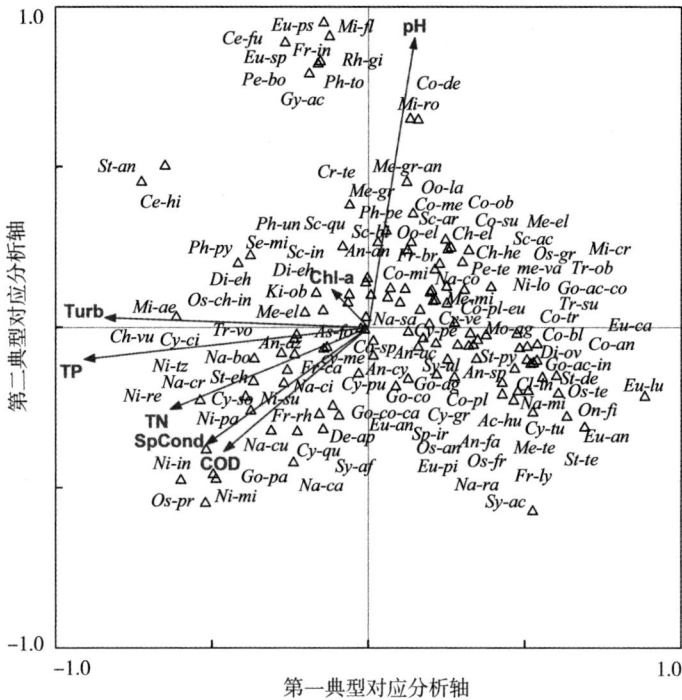

图 3-25 扎龙湿地藻类植物属种与理化因子典型对应分析

因子[238-239]。由双轴排序图（3-25）可以看出，几乎所有的种类都是有规律的按照营养梯度分布。CCA 排序轴 1 以总磷、电导率、浊度、总氮为主，排序轴 2 则以酸碱度为主，以上 4 个理化因子是影响扎龙湿地藻类植物属种分布的主要因素，在上部分 pH 值较高，分布着较多喜碱性的藻类种类，如尖布纹藻、隐头舟形藻、梅尼小环藻、菱形藻属等，这与扎龙湿地偏碱性的水质特征相吻合。在水体中溶解盐都是以离子状态存在的，具有导电能力，所以电导率大小可以间接的表示水中溶解盐的含量，水体中电导率与其所含有无机盐的量有一定关系[240]，由藻类植物属种与环境变量的双轴图可以明显的看出，扎龙湿地水体中出现中电解质及强电解质的种类，如草鞋形波缘藻（*Cymatopleura solea*）、箱形桥弯藻、尖头舟形藻（*Navicula cuspidate*）、*Nitzschia intermedia* 等。这些藻类植物的分布表明了研究区域水体的溶解盐含量，水体中电导率越大，水中营养盐含量越高，溶解离子总浓度和含盐量就越大，在一定程度上表明水体污染程度越大。

由藻类植物属种与环境变量排序轴的关系可知，大部分藻类植物属种是按照理化因子的营养呈梯度分布的。营养盐是控制藻类植物生长的重要理化因子，水中营养盐浓度和比例对藻类植物的生长起着很重要的作用。一方面，营养盐浓度大小，直接影响到藻类植物的生长繁殖，另一方面，营养盐之间的比例，还可以导致一种或几种营养盐对藻类植物生长的限制：含量在一定浓度范围时，对藻类植物具有促进作用，含量超出或低于一定范围时，会对藻类植物生长产生限制作用[241-242]。从藻类植物属种与理化因子的双轴图可以看出，总氮、总磷等变化将 CCA 第一轴分成两部分，从右侧部分到左侧部分营养盐逐渐增大，其中左侧部分的藻类植物很大部分属于中-富营养种类，如梅尼小环藻、普通小球藻、旋转囊裸藻、菱形藻、角甲藻、铜绿微囊藻等，并且在左侧部分出现与总磷具有显著指示作用的藻类植物种类，梅尼小环藻、华丽星杆藻（Asterionella formosa）、鱼形裸藻（Euglena pisciformis）等、在左侧部分也出现了对总氮具有指示作用的藻类植物种类，颗粒直链藻（Melosira granulate）、变异直链藻、实球藻（Pandorina morum）、尖尾裸藻等。结合 PCA 排序图分析可知，这些中-富营养藻类植物种类大多数分布于排污区和实验区的采样点，而这些采样点随着工农业生产的发展，城镇人口的增加，大量的工业污水和生活废水排入渠道，加之地表径流内农田化肥的流失，使得该区域营养盐和有机质大大增加，藻类植物种类群落结构较少，密度较低的特点，出现一些多污带的藻类种类，如角甲藻（Ceratium hirundinella）、铜绿微囊藻、普通小球藻等。

3.4.1.2 扎龙湿地藻类植物对理化因子的响应

从生态学观点来看，水环境决定了藻类植物的种类或群落结构特征[243]；另一方面，藻类植物的个体、种类或群落的变化，可以客观地反映水体质量的变化规律[244]。为了探究藻类植物的丰度变化对理化因子的指示作用，将总氮、总磷、高锰酸钾指数、酸碱度、叶绿素 a、电导率、浊度分别与藻类植物的个体相对丰度（附录 5）进行逐步线性回归，理化因子作自变量，藻类植物的个体丰度作因变量，建立变量之间适当的依赖关系，分析数据的内在规律，结果显示（表 3-22），多元回归筛选出的扎龙湿地水环境中藻类植物相对丰度与环境因子的影响各不相同。

表 3-22 理化因子与藻类丰度逐步回归分析

理化因子	逐步回归方程	判定系数 R^2	F 值	P 值
Chl-a	Y = 4.108+228.787Os-ch-in+254.986Mi-fl+711.193Fr-rh+329.007Ce-fu+91.558Fr-ca+39.355Ni-tz-286.977Ni-in+49.381Sc-qu+32.736Cy-me	0.763	12.525	<0.01
COD$_{Mn}$	Y = 10.935+48.473Cy-so+99.394Ph-py+40.228Se-mi+24.038Cy-me-58.119Ni-su+148.757St-te	0.646	11.575	<0.01
TP	Y = 0.082+0.818Cy-me+0.519Ni-tz+0.660Eu-pi+0.338As-fo-1.557Na-bo-0.972An-cy+2.579An-an-2.768Mi-ae	0.873	30.938	<0.01
pH	Y = 8.045+31.617Co-de-9.381Na-cu+28.673Co-me-35.012St-te+9.945Pe-bo+27.476Gy-ac+26.277Ce-fu+2.762Rh-gi-3.992Os-pr-5.900An-cy-6.387St-an+12.495Eu-ca	0.915	28.555	<0.01

回归分析是假设所有理化因子与藻类植物种类丰度的关系为线性关系的基础上进行的，在距离检测中，总氮、浊度和电导率存在奇异值，没有形成逐步回归方程。回归方程中的叶绿素 a、总磷、酸碱度、高锰酸钾指数的判定系数 $1R^2$ 在 0.646-0.915 之间变化，F 值在 11.575-30.938 之间变化，且 P 值<0.01，说明其显著性较好，预测系数较高。由于不同藻类植物丰度表现出对理化因子的不同反应，所以逐步回归分析筛选出了不同的有明显指示作用的藻类植物，将筛选出来的藻类植物丰度与理化因子作出预测模型，如图 3-26。藻类植物的丰度与理化因子的相关性较大，回归方程计算的预测值与实测值呈现的趋势吻合较好，说明扎龙湿地藻类植物丰度与理化因子有很好的回归关系。

藻类植物群落与环境因子间的相关分析，可以在一定程度上指示和预测特定的生态环境特征。回归方程中，铜色颤藻岛生变种（*Oscillatoria chalybea* var. *insularis*）、水华微囊藻（*Microcystis flosaquae*）、菱形肋缝藻（*Frustulia rhomboids*）、叉状角藻（*Ceratium furca*）、梅尼小环藻等丰度变化反映出叶绿素的变化，并与叶绿素呈显著相关，而草鞋形波缘藻、梨形扁裸藻、

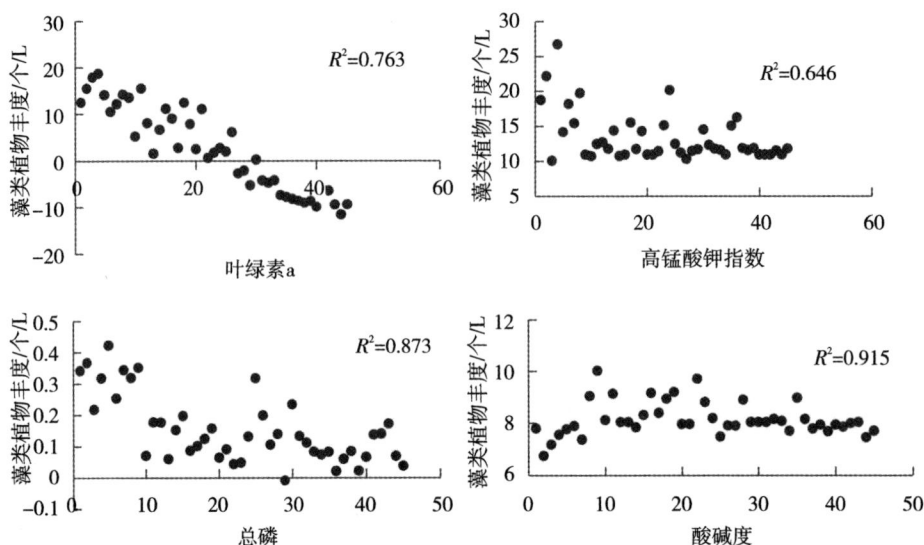

图 3-26 藻类植物丰度与理化因子实测值与预测值

小形月牙藻、梅尼小环藻等丰度受高锰酸钾指数影响较大，而且这些种类大部分出现在排污区，如果其丰度增加，则可能预示着水环境质量恶化。旋形扁鼓藻（*Cosmarium depressum*）、尖布纹藻、菱形藻属、旋形扁鼓藻、四角角星鼓藻（*Staurastrum tetracerum*）等 12 个藻类植物对酸碱度的作用显著，菱形藻、华丽星杆藻、狭形纤维藻、鱼形裸藻等丰度变化共同影响了总磷的变化。而华丽星杆藻和鱼形裸藻是对总磷具有明显作用的指示种，当它们以很高的丰度出现在扎龙湿地的时候，则很有可能指示水域的营养元素磷值有所增加。

3.4.2 扎龙湿地藻类植物与重金属因子相关性分析

3.4.2.1 扎龙湿地重金属因子对藻类植物的影响

对扎龙湿地藻类植物与重金属元素进行 CCA 分析，首先构建 CCA 分析的藻类植物丰度和重金属数据矩阵，研究扎龙湿地藻类植物与重金属的相关分析。将 DCA 分析用于藻类植物种类，以确定使用线性模型还是使用单峰模型，最长的排序轴长度（Lengths of gradient）为 3.741，因此选择单峰模型对扎龙湿地藻类植物群落与重金属元素进行典范对应分析。

表3-23　扎龙湿地典范对应分析特征值

轴	1	2	3	4
特征值	0.334	0.304	0.198	0.148
藻类植物–环境相关系数	0.889	0.810	0.807	0.817
藻类累积百分比				
方差	4.6	8.8	11.5	13.5
藻类–环境累积方差百分比	27.8	53.1	69.6	81.9

初步 CCA 分析结果显示，扎龙湿地重金属元素 Cu、Ni、Zn、As、Cr、Cd 的前两轴对物种–环境关系累积解释为 53.1%（特征值分别为 0.334 和 0.304）（表3-23）。从重金属因子与藻类植物双轴排序图（图3-27）可以看出，Ni 对藻类植物分布具有较大的影响，其次为 As、Zn、Cr 等对藻类植物分布具有较大的影响。

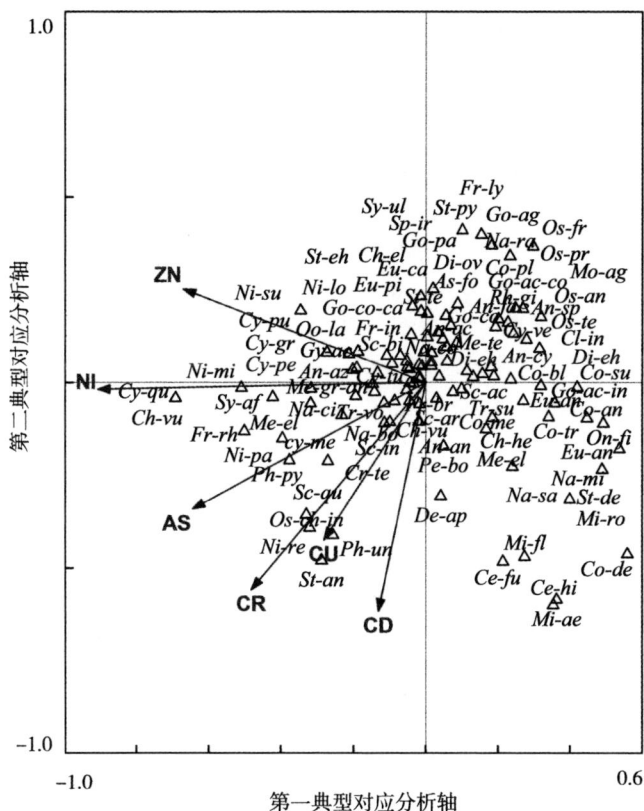

图3-27　扎龙湿地藻类植物属种与重金属元素典范对应分析

重金属因子与藻类植物 CCA 排序图可以看出，藻类植物丰度分布受不同的重金属元素影响，有些是受单一元素作用明显，有些则是多种环境因子的共同作用。四联小环藻（*Cyclotella quadrijuncta*）、普通小球藻等分布受 Ni 作用明显；谷皮菱形藻、梨形扁裸藻等分布受 As 作用明显；铜色颤藻岛生变种、直菱形藻（*Nitzschia recta*）等分布受 Cr 作用明显；波形扁裸藻（*Phacus undulatus*）、双头辐节藻（*Stauroneis anceps*）等分布受 Cu 作用明显；纤细桥弯藻（*Cymbella gracillis*）、极小桥弯藻、小头菱形藻（*Nitzschia microcephala*）等分布受 Zn 和 Ni 作用明显；菱形肋缝藻、优美平裂藻（*Merismopedia elegans*）、系带舟形藻（*Naricula cincta*）等分布受 Ni 和 As 作用显著；四足十字藻（*Crucigenia tetrapedia*）、四尾栅藻等分布受 As 和 Cr 的作用明显。

3.4.2.2 扎龙湿地藻类植物对重金属元素的响应

将铜、镍、锌、镉、铬、砷分别于藻类植物的个体丰度进行逐步线性回归，重金属元素作为自变量，藻类植物个体丰度作为因变量，建立变量之间的关系，分析数据的内在规律，结果显示（表 3-24），多元回归筛选出的藻类植物丰度与重金属元素的影响各不相同。

表 3-24　重金属元素与藻类植物丰度逐步回归分析

重金属元素	逐步回归方程	判定系数 R^2	F 值	P 值
Ni	$Y=0.836+2.588Sy-ul+17.369Fr-in+34.068An-fa+55.587Eu-ps$	0.863	62.993	<0.01
Zn	$Y=0.042+151.358Ac-hu+18.269Go-ac-in+7.597Ph-pe+3.428Di-ov$	0.929	131.405	<0.01
As	$Y=0.347+4.960Di-ov+12.924Go-ac-in-19.728Cy-ci$	0.520	14.824	<0.01

回归分析是假设所有重金属因子与藻类植物种类相对丰度的关系为线性关系的基础上进行的，在距离检测中，铬、镉和铜存在奇异值，没有形成逐步回归方程。回归方程中的砷、锌、镍的判定系数在 0.520-0.929 之间变化，*F* 值在 14.824-131.405 之间变化，且 *P* 值<0.01，说明其显著性较好，预测系数较高。由于不同藻类植物丰度表现出对重金属元素的不同反应，所以逐步回归分析筛选出了不同的藻类植物，将筛选出来的藻类植物丰度与重金属因子作出预测模型，如图 3-28。回归方程计算的实测值和预测值呈现

的趋势吻合较好，说明扎龙湿地藻类植物丰度与重金属因子有较好的回归关系。

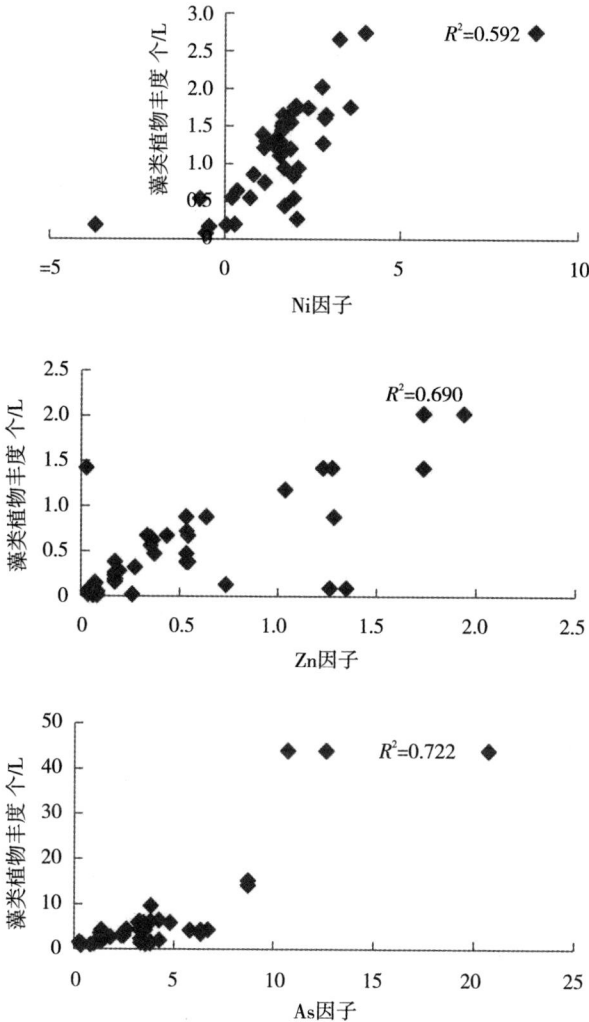

图 3-28 藻类植物丰度与重金属因子实测值与预测值

回归方程中，椭圆卵囊藻（*Oocystis elliptica*）、梨形扁裸藻、极小桥弯藻、隐头舟形藻等丰度变化与 Cr 呈显著相关；而肘状针杆藻、中型脆杆藻（*Fragilaria intermedia*）、镰形纤维藻、伪旋纹裸藻（*Euglena pseudospirogyra*）等丰度变化受 Ni 和 Cd 的影响较大；哑铃扁裸藻、卵圆双壁藻（*Diploneis ovalis*）、扭联角丝鼓藻（*Desmidium aptogonum*）等丰度变化与 Zn 的相关性较大；卵圆双壁藻、箱形桥弯藻、粘连色球藻等丰度分布与 As 呈显著相关；肘状针杆藻、微星鼓藻属、镰形纤维藻等丰度分布与 Cu 相关性较大。这表明藻类植物群落与重金属因子间的相关分析，可以在一定程度上指示和预测特定的生态环境特征。

3.4.3 扎龙湿地藻类植物与环境因子空间差异性分析

一般情况下，在清洁环境中藻类植物种类是极其多样的，由于存在着竞争，各种藻类植物又只能以有限的数量生存，其相互制约又保持了生态平衡。当水体受到污染时，能够适应环境的藻类植物生存下来。反之，或是死亡或是逃逸回避，这样生存下来的少数藻类植物的个体数大大增加。在清洁水域中藻类植物种类多，每种的个体数少，而在污染水域中藻类植物种类少，每种个体数多[148]。研究结果表明扎龙湿地在同一水期，不同区域藻类植物的群落结构具有一定差异，造成这种结果的主要原因是由于各采样点环境因素引起的。在排污区为林甸县排出的生活污水、垃圾，工业污水的汇聚区，人为活动影响严重，水体污染程度较大，分布的藻类植物种群数量减少，其物种资源的丰富程度也减小；实验区，经过一定距离的径流，污染物的沉积过程，水环境中藻类植物的种群数量相对增多；核心区人为活动影响较小，水环境中挺水植物和沉水植物覆盖度增大，水体的自净功能增强，藻类植物种类丰富度增多。

对扎龙湿地调查中，重金属 Ni 对四联小环藻（*Cyclotella quadrijuncta*）、普通小球藻、肘状针杆藻、中型脆杆藻（*Fragilaria intermedia*）等分布影响较为显著；卵圆双壁藻、箱形桥弯藻等分布受 As 作用较为明显；椭圆卵囊藻（*Oocystis elliptica*）、梨形扁裸藻、铜色颤藻岛生变种、直菱形藻（*Nitzschia recta*）等分布受 Cr 作用较为明显；Cu 对波形扁裸藻（*Phacus undulatus*）、肘状针杆藻、双头辐节藻（*Stauroneis anceps*）等分布作用较为明显；纤细桥弯藻（*Cymbella gracilis*）、极小桥弯藻、小头菱形藻（*Nitzschia microcephala*）的分布受 Zn 和 Ni 作用较为明显；Ni 和 As 对菱形肋缝藻、优美平裂藻（*Merismopedia elegans*）、系带舟形藻（*Naricula cincta*）等分布作用较为显著；四足十字藻（*Crucigenia tetrapedia*）、四尾栅藻的分布受 As 和 Cr 的影响较为明显。

扎龙湿地水体处于半封闭状态，水体流动性较差，我们采集的藻类植物大多数为湖泊、池塘等静止水体的常见种如，湖生卵囊藻（*Oocystis* lacustris)、微小平裂藻（*Merismopedia tenuissima*）、角甲藻、菱形藻属、尖尾裸藻（*Euglena oxyuris*）等。从藻类植物的普生种类分析，调查水体中藻类植物以广布种为主，如短棘盘星藻、颗粒鼓藻（*Cosmariumgranatum*）、四尾栅藻（*Scenedesmus quadricauda*）、空球藻（*Eudorina elegans*）等，同时还发现了尖布纹藻、狭形纤维藻（*Ankistrodesmus angustus*）等淡水普生种类。近年来扎龙湿地盐碱化程度日趋严重，对扎龙湿地藻类植物调查中，分布着半咸水、咸水常见种类，如急尖舟形藻（*Navicula cuspidate*）等，及适盐种，如梅尼小环藻等，这些耐盐种的出现，反映出扎龙湿地水体中盐度较高。

由于光合作用过程中，不同的藻类植物对水环境中游离 HCO_3^- 和 CO^2 的利用能力不同，一般情况下藻类植物会优先利用游离的 CO^2，当水环境中的 pH 值升高，水环境中游离的 CO^2 越来越少，主要为 HCO_3^-，HCO_3^- 的增加和 CO^2 的减少将限制利用 HCO_3^- 能力较弱的藻类植物，同时利用 HCO_3^- 较强的藻类植物将发挥竞争优势[209]。所以在扎龙湿地这样碱性的环境中，碱性种类将具有竞争优势，嗜碱性种类，如扁圆卵形藻、箱形桥弯藻（*Cymbella cistula*）、菱形藻属等，在采样点的大部分研究区中性微碱性的种类都有分布，如箱形桥弯藻、放射舟形藻、扁圆卵形藻多孔变种（*Cocconeis placentula* var. *euglypta*）、卵圆双眉藻（*Amphora ovalis*）等，其中箱形桥弯藻可以在贫到富营养化水环境中均能生长，同时还出现鼓藻属藻类植物如双眼鼓藻（*Cosmarium bioculatum*）、斑点鼓藻（*Cosmarium punctulatum*）、凹凸鼓藻（*Cosmarium impressulum*）、光滑鼓藻（*Cosmarium laeve*）等，这表明了它们能够适应偏酸至偏碱的水体环境。

3.4.4 小结

（1）对扎龙湿地藻类植物属种和理化因子进行典范对应分析表明，前两轴总氮、总磷、高锰酸钾指数、电导率、酸碱度、浊度和叶绿素 a 这 7 个理化因子对藻类植物属种数据解释率为 50.2%。由藻类植物属种与理化因子排序轴的关系可知，大部分藻类植物属种是按照理化因子的营养呈梯度分布的。受总磷影响较为显著的藻类植物种类，如梅尼小环藻、华丽星杆藻、鱼形裸藻等，受到总氮影响较大的藻类植物种类，如颗粒直链藻、变异直链藻、实球藻、尖尾裸藻等，说明理化因子对藻类植物具有一定的影响。

（2）对扎龙湿地藻类植物属种与重金属因子进行典范对应分析，前两轴对物种–环境关系累积解释为 53.1%，从重金属因子与藻类植物属种排序图可以看出，Ni 对藻类植物种类分布具有较大的影响，其次为 As、Zn、Cr 对藻类植物种类分布影响较大。

（3）运用逐步多元回归分析方法，对扎龙湿地藻类植物与环境因子进行回归分析，建立了扎龙湿地环境因子的预测模型，并且预测值和实测值拟合的较好，说明藻类植物丰度与环境因子之间具有很好的回归关系，表明藻类植物属种对环境因子具有一定的响应。

第4章　结论与展望

　　湿地（wetland）是水体和陆地之间的自然过渡地带[245-246]，是典型的生态交错带（eoctnoe），它是广泛分布于世界范围内的一种具有较高生物生产力和生物多样性的自然景观。从生态学观点看，湿地是水域和陆地相交错而成的一类独特的生态系统，兼有水体生态系统和陆地生态系统两种特征，具有多种生态功能与社会价值。在世界自然资源保护联盟（IUCN）、联合国环境规划署（UNEP）和世界自然基金会（WWF）1982年编制的世界自然保护大纲中，湿地与森林、海洋一起被并称为全球三大生态系统。湿地巨大的环境功能和环境效益已经达成湿地科学家和社会公众的共识，被誉为"地球之肾"、"物种基因库"和"人类摇篮"。湿地不仅为人类的生产、生活提供多种资源，而且有着巨大的环境功能和丰富的生物多样性，在调节气候、涵养水源、抵御洪水、调节径流、蓄洪防旱、补充地下水、降解环境污染、控制土壤侵蚀、美化环境、维持区域生态平衡等方面具有其他系统不可替代的作用[98]。

◆◇ 4.1　研究结论

4.1.1　洪河湿地保护区研究

　　扎龙湿地是我国北方同纬度地区通过对洪河湿地保护区一定区域的硅藻植物科、属、种的观察与鉴定，结合各项环境理化指标的统计和分析，总结出该保护区水体中硅藻属种的形态特征与生态环境的相互关系，确定该区域硅藻的种类组成和群落结构特征，重点关注了硅藻在生态环境中的指示作用。在分类和群落指示作用的基础上，进一步探讨了硅藻在洪河湿地的生态系统、区域湿地保护以及物质循环中的作用。对洪河湿地保护区的生态环境健康状况、湿地的可持续发展进行了初步的评价，对我国湿地多样性保护和改善生态环境状况具有一定的意义。

4.1.1.1 洪河湿地硅藻植物的多样性

本书在 2007 年至 2008 年期间对洪河湿地自然保护区水体的硅藻植物进行了初步研究，共涉及 8 个采样点，采集时间为每年五月份至十月份，旨在为洪河自然保护区的水环境提供了较为基本的植物信息。洪河湿地保护区水体中经鉴定的硅藻共有 128 个分类单位，包括 102 种 23 变种 3 变型，隶属于 2 纲 5 目 11 科 22 属。中心纲 1 目 1 科 3 属；羽纹纲 4 目 10 科 19 属，其中包括，羽纹藻属（*Pinnularia*）19 种 4 变种，占总种数的 17%，异极藻属（*Gomphonema*）12 种 7 变种 1 变型，占总种数的 15%，短缝藻属（*Eunotia*）14 种 4 变种，占总种数的 14%，舟形藻属（*Navicula*）13 种 2 变种，占总种数的 11%，菱板藻属（*Hantzschia*）6 种 1 变种 1 变型，占总种数的 6%，桥弯藻属（*Cymbella*）7 种，占总种数的 5%，菱形藻属（*Nitzschia*）5 种 1 变型，占总种数的 5%；其他 15 属 31 种 5 变种，占总种数的 27%。通过对硅藻植物优势种指示作用的分析，指出洪河自然保护区的水体为贫营养至中营养状态，表明该保护区保持着内陆湿地生态系统的完整性和自然性，在一定程度上还没有受到人为活动的显著污染。

书在研究中发现，硅藻植物的群落多度差异不显著（$p = 0.99$），2007 年的种类多度在个别采样点比 2008 年略高。8 个采样点之间的群落多度略有不同但无显著差异，说明了各个采样点之间的水环境没有太大的差异。洪河湿地硅藻植物的群落多度，基本上呈现出个体丰度相对较小，种类较多的趋势，其特征变化反映出洪河自然保护区的水环境基本良好。

洪河自然保护区水体中全年的优势种为 *Eunotia lunaris*（Ehr.）Grun. 和 *Nitzschia clausii* Hantzsch，它们分别为低盐度普生种类和富氧清水种类，是本研究区的指示种类。各采样点 5 月份主要分布着 *Gomphonema longiceps* var. *subclavata* f. *gracilis* Hust.、柔弱桥弯藻（*Eunotia tenella*（Grunow）Hustedt）；6 月份其优势种为微绿羽纹藻（*Pinnularia viridis*（Nitzch.）Ehr.）、盐生舟行藻（*Navicula salinarum* Grun.）、*Eunotia flexuosa* Kütz.；7 月份窗格平板藻（*Tabellaria fenestrate*（Lyngbye）Kützing）和绒毛平板藻（*Tabellaria flocculosa*（Roth）Kützing）为优势种；8 月份主要以窗格平板藻（*Tabellaria fenestrate*（Lyngbye）Kützing）、绒毛平板藻（*Tabellaria flocculosa*（Roth）Kützing）、窄异极藻伸长变种（*Gomphonema angustatum* var. *producta* Grun.）占主要优

势；9 月份优势种 *Nitzschia gracilis* Hantzsch、微绿羽纹藻（*Pinnularia viridis*（Nitzch.）Ehr.）；10 月份 *Pinnularia divergens*、*Gomphonema olivaceoides* Hust. 和 *Pinnularia stomatophora*（Grunow）Cleve 为优势种。其硅藻植物群落分布的总体特点为，冷水清洁种类较多，中性偏酸性种类居多，多数为中贫营养种类，极少的为耐污种类，能够反映出保护区水质较好。

4.1.1.2　硅藻植物的指示作用

洪河湿地保护区所研究的水体中大量出现的硅藻植物为淡水普生种类，共计 48 个分类单位，湖泊、溪流、池塘、江河常见种为 27 个分类单位，如 *Pinnularia gracillima* Gregory、微绿羽纹藻（*Pinnularia viridis*（Nitzch.）Ehr.）、*Navicula subulissima* Cl. 等。由于调查研究空间和时间的限制，对洪河湿地保护区的硅藻植物群落研究仅反映了 8 个采样点的生物信息量。

从研究区出现的优势种上看，指示种多为贫营养至中营养的种类，如 *Eunotia lunaris*（Ehr.）Grun. 为低盐度普生种类；*Nitzschia clausii* Hantzsch 为富氧清水种类；*Gomphonema longiceps* var. *subclavata* f. *gracilis* Hust. 柔弱桥弯藻（*Eunotia tenella*（Grunow）Hustedt）等属于冷水、酸性和贫营养的种类；绒毛平板藻（*Tabellaria flocculosa*（Roth）Kütz.）属于清洁种；窄异极藻伸长变种（*Gomphonema angustatum* var. *producta* Grun.）为清水种类和中营养的种类。同时还出现了寡污带的常见种类，如 *Rhopalodia gibba*、绒毛平板藻（*Tabellaria flocculosa*（Roth）Kütz.）、窗格平板藻（*Tabellaria fenestrate*（Lyngbye）Kützing）、*Pinnularia gibba* Ehr.、双尖菱板藻（*Hantzschia amphioxys*（Ehrenberg）W. Smith）、*Eunotia lunaris*（Ehr.）Grun.、*Eunotia pectinalis* var. *ventralis* Hust.、扁圆卵形藻变种（*Cocconeis placentula* var. *euglypta*）、橄榄异极藻（*Gomphonema olivaceoides* Hust.）等。

从各采样点的耐盐程度上分析，寡盐种类的比例最大，为 31 个分类单位。其中 *Pinnularia viridis*（Nitzch.）Ehr.、*Navicula salinarum* Grun.、*Gomphonema angustatum* var. *producta* Grun.、*Cymbella aspera*、*Eunotia lunaris*（Ehr.）Grun. 等几乎出现在所有的采样点中。*Eunotia exigna*（Bréb.）Grun.、*Cyclotella meneghiniana* Kütz. 等为适盐种。从寡盐种、中盐种和适盐种硅藻植物出现的频度分析可知，洪河湿地保护区水体的含盐量较低。

对洪河保护区水环境的酸碱度分析结果显示，水体呈中性偏酸，其中嗜酸性种为 5 个分类单位，微酸性种为 21 个分类单位，中性种类为 8 个分类单位，大多数的硅藻植物为微酸性种类，典型的微酸性指示种类如 *Gomphonema acuminatum* Ehr.、*Cymbella turgidula* Grun.、*Pinnularia gracillima* Gregory、*Surirella angustata* Kütz. 等，这与保护区水体的酸碱度相一致。

由于保护区属于三江沿江温带湿润气候，具有典型的季风气候，冬季漫长，多雪严寒，春季多风少雨，夏季炎热，秋季短暂，年平均气温为1.9℃，出现了大量的冷水种，如 *Gomphonema longiceps* var. *subclavata* f. *gracilis* Hust.、*Gomphonema olivaceoides* Hust、*Pinnularia borealis*、*Pinnularia divergens* W. Smith、*Pinnularia stomatophora*（Grunow）Cleve 等，这与其生态环境特征相吻合。

在分析硅藻植物群落的营养类型中，出现了一些贫营养的指示种，如 *Navicula viridula* Kütz.、*Gomphonema gracile* Ehr.、*Eunotia tenella*（Grunow）Hustedt 等。并出现了大量的清洁种，如瞳孔舟行藻（*Navicula pupula*）、*Nitzschia clausii* Hantzsch、*Tabellaria flocculosa*（Roth）Kütz.、*Tabellaria fenestrate*（Lyngbye）Kützing 等；寡污带的指示种，如 *Tabellaria flocculosa*（Roth）Kützing、*Tabellaria fenestrate*（Lyngbye）Kützing、*Pinnularia gibba* Ehr.、*Eunotia lunaris*（Ehr.）Grun.、*Eunotia pectinalis* var. *ventralis*（Ehr.）Hust.、*Cocconeis placentula* var. *euglypta* 等；寡污带至 β-中污带的指示种类，如 *Cocconeis placentula*（Ehr.）Hust.、*Stauroneis anceps* Ehrenberg 等；少数的 α-污染带指示种类，如微小异极藻（*Gomphonema parvulum*（Kützing）Grunow）、匈牙利曲壳藻（*Achnanthes hungarica* Grun.）等。这些种的出现表明保护区处于寡污带和 β-中污带的状态，受人为活动的影响较小。

4.1.1.3 环境变量对硅藻群落结构的影响

洪河湿地保护区硅藻植物群落结构，受到环境变量生化需氧量 COD、生化需氧量 BOD、总磷 TP、总氮 TN、总有机碳 TOC、酸碱度 pH 和水温 WT 等环境因子的影响，表现出一定的差异性。典型对应分析结果显示，硅藻植物受溶解氧 DO 影响最大，其次为总氮 TN 和水温 WT。

溶解氧 DO 是溶解在水中氧的量，水中溶解氧的含量与空气中氧的分压、大气压和水温有着密切的关系，水中溶解氧含量是衡量水体污染程度的一个指标。在五月份和十月份溶解氧 DO 相对较高，其硅藻植物种类个体丰度相对较小，种类多样性较高，出现了溶解氧相对较高的指示种，如 *Nitzschia clausii* Hantzsch、*Surirella angustata* Kütz. 等，还有一些寡污带指示

种 *Eunotia lunaris*（Ehr.）Grun.、*Eunotia pectinalis* var. *ventralis*（Ehr.）Hust. 等和清洁种 *Hantzschia amphioxys*（Ehrenberg）W. Smith、*Gomphonema olivaceoides* Hust、*Gomphonema truncatum* Ehrenberg 等。在温度较高的 7 月份，溶解氧相对较低，*Navicula seminulum* Grun. 等大量出现，并且出现了如 *Gomphonema parvulum*（Kützing）Grunow 等中营养类型，这表明硅藻植物多样性呈下降的趋势，其原因可能是由于夏季水体中有机物含量增多或人为活动有所增加所造成的。

实验分析表明，洪河湿地保护区水体中的硅藻植物群落与总磷 TP 和总氮 TN 也具有比较密切的相关性，在研究区中对总氮具有典型的指示作用的硅藻为 *Nitzschia perminuta*（Grunow）Peragallo、*Pinnularia gracillima* Gregory、*Pinnularia viridis*（Nitzch.）Ehr. 等。对总磷具有典型指示作用的硅藻，*Gomphonema gracile* Ehr.、*Eunotia tenella*（Grunow）Hustedt、*Gomphonema acuminatum* Ehr.、*Gomphonema angustatum* var. *producta* Grun. 等，这些硅藻植物适宜总磷的生存范围为 2.7~13.2μg/L，与该区的环境因子相符合。

洪河湿地保护区的季节变化明显，水温受其影响变化显著，而硅藻植物的群落分布随着季节更替发生明显的变化。在温度相对较高的夏季，出现 *Tabellaria flocculosa*（Roth）Kützing、*Tabellaria fenestrate*（Lyngbye）Kützing 等耐高温的指示种；在秋季水温相对较低，出现了冷水种如 *Gomphonema olivaceoides* Hust、*Nitzschia clausii* Hantzsch、*Stauroneis anceps* Ehr.、*Gomphonema truncatum* Ehrenberg、*Gomphonema gracile* Ehr. 等。

4.1.1.4　洪河湿地自然保护区水质的初步评价

洪河湿地保护区属于三江沿江温带湿润气候，具有典型的季风气候，冬季漫长，春季多风少雨，夏季炎热，秋季短暂。水温的季节变化显著（$p < 0.01$），春季水温由 10℃ 回升到夏季（7 月）21℃，达到全年水温的最高值，秋季（10 月）的到来将水温回落到 1℃，达到全年采集季节水温的最低值。所以耐高温的硅藻植物和冷水性的硅藻植物在全年的变化差异显著。

研究区的 pH 值较为稳定，8 个采样点的显著性差异不明显（$p = 0.266$），两年间各个月份之间的差异也不显著（$p = 0.063$），各样点的平均 pH 值为 6.36，变化幅度为 6~6.6，水体属于微酸的环境，基本符合国家 Ⅰ－Ⅱ类水质的标准（6-9）。

检测各个采样点的溶解氧 DO 其结果显示，溶解氧的含量随季节的影响变化极为显著（$p = 5.09E-21 < 0.05$），变化幅度为 $3.2 \sim 14.6mg/L$。在温度较低的 5 月份和 10 月份溶解氧达到相对较高的值，在温度较高的 7 月份达到最低值（$3.2mg/L$），平均值为 $8.01mg/L$，这表明保护区的水质处于一个良好的生态环境，为植物的生长和繁殖提供了良好的生存条件。

化学需氧量 COD 在各个季节变化显著（$p = 4.93E-17 < 0.05$），化学需氧量 COD 的变化幅度为 $11.2 \sim 15.3mg/L$，在 8 月份达到最大值 $15.3mg/L$，说明 8 月份水体中有机物的含量最多，相对污染较大，而生化需氧量 BOD 的变化幅度为 $1 \sim 5mg/L$。总磷 TP 的变化幅度为 $0.01 \sim 0.15mg/L$，平均值为 $0.06mg/L$，而总有机碳 TOC 随季节变化显著（$p = 1.42E-06 < 0.05$），总有机碳 TOC 的变化幅度为 $3.97-5.13mg/L$。

本书对洪河湿地保护区的硅藻植物群落组成、分布特征及其环境的相关性进行了研究，结果表明研究区的水质总体评价处于贫营养和中营养的状态，硅藻植物的周年演替对洪河湿地保护区水体营养化的预测和水环境的监测具有一定的指示作用。此研究为洪河保护区的水质管理与监测提供基础的资料，也为硅藻植物生物学研究做了进一步的补充。

4.1.2　扎龙湿地保护区研究

扎龙湿地是我国北方同纬度地区保留最完整、最原始、最开阔的湿地生态系统，是天然的物种库和基因库，具有许多濒危野生动植物的独特生境。2010 年秋季对扎龙湿地藻类植物和水体环境因子进行调查和研究，共设置340 个采样点，分布在扎龙湿地核心区、缓冲区、实验区以及直接将污染物排放到湿地中的排污区。本书扎龙湿地藻类植群落结构组成、细胞密度、优势种进行研究，分析了藻类植物在空间分布特征。结合水环境因子，进一步分析藻类植物与环境因子的关系，并探讨了影响扎龙湿地藻类植物主要的环境因子。运用藻类植物细胞密度、多样性指数、藻类植物优势种、指数生物法、污染指示种类和营养状态指数对扎龙湿地水环境状态作出评价，并结合表层水体重金属因子对扎龙湿地健康风险进行预测。

4.1.2.1　扎龙湿地硅藻植物的多样性及水质评价

根据扎龙湿地区域划分和生态环境的特点，对扎龙湿地进行全面、系统地研究。调查期间共发现藻类植物 354 个分类单位，隶属 6 门 8 纲 21 目 33科 80 属 354 种，绿藻门植物是扎龙湿地藻类植物最主要的群落结构，从藻类植物群落结构组成分析，扎龙湿地研究区域为绿藻-硅藻型；藻类植物平均细胞密度为 $12.71×10^6$ind·L-1，硅藻门细胞密度最大，其次为绿藻门和蓝藻门，空间变化明显，排污区>实验区>缓冲区>核心区；扎龙湿地藻类植物优势种为梅尼小环藻、普通小球藻、旋转囊裸藻、菱形藻等。

运用 PRIMER 软件对藻类植物群落进行划分及群落相似性分析，可以将藻类植物群落分为四组群，表明藻类植物群落与采样点环境因子具有较好的拟合性。客观地分析扎龙湿地藻类植物与水体状态的关系。分别采用藻类植物细胞密度、多样性指数、藻类优势种、指示生物法、污染指示种对湿地水质的营养状态进行分析，结果表明扎龙湿地水质为中营养状态。利用扎龙湿地营养状态指数法分析表明，中营养占 53.9%，富营养为 47.1%，营养状态指数总体以中营养状态为主，水体处于中度污染状态。运用 Monte-Carlo 方法对扎龙湿地表层水体重金属健康风险分析表明，研究区总体致癌风险低于国际辐射防护委员会（ICRP）推荐的最大可接受年风险水平（5.0×10-5）和终生可接受风险水平（3.5×10-3），但已经很接近标准值，造成了潜在的生态危险，需要引起相关部分的高度重视。

4.1.2.2　环境变量对硅藻植物群落结构的影响

对扎龙湿地水体中环境因子的测定，表明扎龙湿地水体属于弱碱性、中-强电解质水质，总氮、总磷、高锰酸钾指数、浊度、叶绿素 a、铬、镉、铜、锌、镍、砷浓度大小均为排污区>实验区>缓冲区>核心区。对扎龙湿地 7 个理化因子进行主成分分析表明，前二个排序轴的解释量达 73.2%。酸碱度与第一轴呈正相关，叶绿素 a、电导率、高锰酸钾指数、总氮、总磷与第二轴呈正相关，且浊度、总磷、叶绿素 a 对扎龙湿地水环境起到主要作用。对扎龙湿地 6 个重金属因子进行主成分分析表明，前两个排序轴的解释量达 83.3%，Cu 与第一轴呈正相关，Zn 和 Cd 与第二轴呈正相关，且 Ni、Zn、Cr 和 As 对扎龙湿地水体环境起主要作用。

4.1.2.3　扎龙湿地硅藻植物与环境因子的响应

通过对藻类植物属种与理化因子进行典范对应分析，得出总磷、电导率、酸碱度对藻类植物影响较大，受总磷影响较大的藻类植物种类主要包括，梅尼小环藻、华丽星杆藻、鱼形裸藻等；受总氮影响较大的藻类植物种类主要包括，颗粒直链藻、变异直链藻、实球藻、尖尾裸藻等；受电导率影响较大的藻类植物种类主要包括，草鞋形波缘藻、箱形桥弯藻、尖头舟形藻等，受酸碱度影响较大的藻类植物种类主要包括，尖布纹藻、隐头舟形藻、梅尼小环藻、菱形藻属等，说明理化因子对藻类植物具有一定的影响。对扎龙湿地藻类植物属种与重金属元素进行典范对应分析，前两坐标轴对物种－环境关系累积解释为 53.1%，从重金属因子与藻类植物属种排序图可以看出，Ni 对藻类植物生长有较大的影响，其次为 As、Zn、Cr。运用逐步多元回归分析方法，对藻类植物与环境因子进行回归分析，建立扎龙湿地环境因子与藻类植物丰度的预测模型，其预测值与实测值拟合的较好，这表明藻类植物属种对环境因子也具有一定的响应关系。

◆◇ 4.2　研究展望

本书系统揭示了洪河湿地自然保护区硅藻植物群落的组成、分布及其环境相关性，为湿地生态健康评价和生物多样性保护奠定了基础。然而，本书仍有一些局限性，例如采样时间和空间范围相对有限，对硅藻植物与其他浮游植物、底栖生物及微生物群落的相互作用尚未深入探讨。未来的研究可从以下几个方面展开：

4.2.1　多尺度时空动态监测

建立长期动态监测体系，通过增加采样频率和拓展采样范围，更全面地揭示硅藻植物群落的时空变化规律，探讨湿地生态系统在不同时间尺度下的演替机制。

4.2.2　湿地与周边生态系统的关联研究

结合区域地貌特征和流域管理，研究湿地与周边生态系统之间的物质流动和能量交换机制，以揭示湿地在流域生态网络中的关键作用。

4.2.3　多指标综合评价体系的构建

将硅藻植物群落与其他生物类群的指示作用结合，综合多种理化指标，构建更加系统的湿地生态健康评价模型，为生态修复和湿地可持续发展提供科学指导。

4.2.4　新兴污染物的生态风险评估

关注湿地水体中微塑料、农药残留等新兴污染物对硅藻群落及湿地生态系统的潜在威胁，探索其对生物多样性和生态功能的长期影响。

4.2.5　硅藻资源的可持续利用

挖掘硅藻在水质监测、生物修复及生态产品开发中的潜力，促进湿地资源的合理开发与利用，为区域生态保护与经济发展提供双赢方案。

总之，本书不仅为洪河湿地保护区的生态环境管理提供了基础数据，也为我国湿地保护政策的科学制定提供了重要参考。通过加强对湿地生态系统的多学科研究，将进一步推动湿地生物多样性保护、生态服务功能提升及其在全球气候变化背景下的适应性管理。

◆◇ 4.3　本书对当下及未来研究的贡献

本书的研究成果在当下及未来的湿地研究与保护领域具有不可忽视的价值。

在当下，其为湿地生态系统的精准监测提供了关键支撑。以洪河湿地硅藻植物的研究为例，详细的种类鉴定和群落结构分析，为后续构建高灵敏度的监测指标体系奠定了基础。科研人员可依据这些成果，选取特定的硅藻种类作为指示生物，通过监测其群落动态变化，快速、准确地评估湿地水质的微小波动以及生态系统的健康状况变化。在扎龙湿地的研究中，对藻类植物与多种环境因子关系的揭示，有助于建立多参数综合监测模型，提升对湿地环境变化的监测精度和预警能力，及时发现潜在的生态问题，为湿地保护决策提供科学依据。

从生态修复实践角度出发，本书提供了极具针对性的理论指导。明确了影响洪河和扎龙湿地藻类群落的关键环境因素，如在洪河湿地中溶解氧、总氮和水温的重要作用，以及扎龙湿地里总磷、电导率和酸碱度的影响，这使得生态修复工作能够有的放矢。例如，在改善湿地水质时，可以通过调控这些关键环境因子，创造适宜藻类生长的条件，促进优势藻类群落的恢复，进而带动整个湿地生态系统的修复和重建。

在未来研究方面，本书成果为跨学科研究的深入开展指明了方向。在多尺度时空动态监测中，其为研究湿地生态系统的长期演变提供了初始数据和研究范式。基于此，结合先进的技术手段，如卫星遥感监测、无人机监测以及长期定位观测站的数据，能够实现对湿地藻类群落更全面、更深入的研究，揭示其在不同时间尺度和空间范围内的变化规律，以及这些变化对整个生态系统的连锁反应。

在湿地与周边生态系统关联研究中，本书关于藻类植物群落的研究成果可作为重要的切入点。通过研究藻类与周边生态系统中其他生物和非生物因素的相互作用，有助于深入理解湿地在区域生态网络中的地位和作用，为构建区域生态安全格局提供科学依据。例如，研究藻类与周边陆地生态系统中植物根系的相互作用，以及对土壤微生物群落的影响，能够为湿地与陆地生态系统的协同保护和修复提供新思路。

在构建多指标综合评价体系方面，本书对藻类植物群落结构、环境因子以及两者关系的研究，为整合多生物类群和理化指标提供了范例。未来研究可在此基础上，进一步纳入微生物群落结构、土壤理化性质等更多指标，构建更加全面、科学的湿地生态健康评价模型，为湿地的科学管理和保护提供更有力的工具。

对于新兴污染物的生态风险评估，本书虽然未涉及相关内容，但为研究新兴污染物对湿地藻类群落的影响提供了研究方法和思路借鉴。可以参考本书中对传统污染物与藻类关系的研究方法，开展新兴污染物对藻类群落结构、功能以及生态系统服务影响的研究，评估其潜在风险，为湿地生态保护提供前瞻性的研究支持。

在硅藻资源的可持续利用方面，本书对硅藻植物的分类和生态特征的研究，为开发硅藻在环境监测、生物修复和生态产品开发等领域的应用提供了基础。未来可进一步挖掘硅藻的特殊功能，研发新型的生物监测技术和生物修复方法，同时探索硅藻在生态农业、生物能源等领域的应用潜力，实现湿地资源的可持续利用和经济发展的双赢，推动湿地保护与区域经济的协同发展。

参考文献

［1］ COWARDIN L M.Classification of wetlands and deepwater habitats of the U-nited States［M］.Fish and Wildlife Service,US Department of the Interior, 1979.

［2］ 姜文来.初论水资源管理学［J］.中国水利,2004(3):27-29.

［3］ 王宪礼,李秀珍.湿地的国内外研究进展［J］.生态学杂志,1997,16(1): 58-62.

［4］ 封晓艳.《湿地公约》与我国的湿地保护［D］.青岛:中国海洋大学,2008.

［5］ 余国营.湿地研究的若干基本问题初论［J］.地理科学进展,2001,20(2): 177-183.

［6］ 孙广友.中国湿地科学的进展与展望［J］.地球科学进展,2000,15(6): 666-672.

［7］ 田博.湿地——连接陆地和水的纽带［J］.环境保护科学,2004,30(3): 28-30.

［8］ 殷康前,倪晋仁.湿地研究综述［J］.生态学报,1998,18(5):539-546.

［9］ 陈宜瑜.中国湿地研究［M］.长春:吉林科学技术出版社,1995.

［10］ 杨永兴.国际湿地科学研究的主要特点、进展与展望［J］.地球科学进展,2002,21(2):111-120.

［11］ 陆健健.湿地与湿地生态系统的管理对策［J］.生态与农村环境学报,1988,4(2):39-42.

［12］ 徐琪.湿地农田生态系统的特点及其调节［J］.生态学杂志,1989(3):8.

［13］ 柴岫.泥炭地学［M］.北京:地质出版社,1990.

［14］ 杨开良.扎龙自然保护区湿地生物多样性现状及保护对策［J］.中南林业调查规划,2005,24(2):27-30.

［15］ 王加连,刘忠权.盐城滩涂生物多样性保护及其可持续利用［J］.生态学杂志,2005,24(9):1090-1094.

［16］ JEAN-CLAUDE L,PASCAL L,et al.Biodiversity in salt marshes:from patrimonial value to ecosystem functioning.The case study of the Mont-Saint-Michel bay[J].Comptes rendus biologies,2003,326:125-131.

[17] FALL P L. Vegetation change in the coastal-lowland rainforest at Avai'o'vuna Swamp, Vava'u, Kingdom of Tonga[J].Quaternary Research, 2005,64(3):451-459.

[18] VALIELA I, RUTECKI D, et al.Salt marshes:biological controls of food webs in a diminishing environment[J].Journal of experimental marine biology and ecology,2004,300(1/2):131-159.

[19] O'CONNELL J L,JOHNSON L A,et al.Influence of land-use and conservation programs on wetland plant communities of the semiarid United States Great Plains[J].Biological conservation,2012,146(1):108-115.

[20] ZHANG H,LIU H,et al.The coupling relationship between soil eco-processes and landscape evolution under the natural conditions in Yancheng coastal wetland[J].Journal of natural resources,2013,28(1):63-72.

[21] 汲玉河,吕宪国,杨青,等.三江平原湿地植物物种空间分异规律的探讨[J].生态环境,2006,15(4):781-786.

[22] WANG G P,LIUA J S,et al.The long-term nutrient accumulation with respect to anthropogenic impacts in the sediments from two freshwater marshes(Xianghai Wetlands,Northeast China)[J].Water research,2004,38(20):4462-4474.

[23] ZENG L,WU Y H,et al.Effect of wind on contaminant dispersion in a wetland flow dominated by free-surface effect[J].Ecological modelling,2012,237:101-108.

[24] 傅国斌,李克让.全球变暖与湿地生态系统的研究进展[J].地理研究,2001,20(1):120-128.

[25] ROUSSEL N,LE ROY R.The Marsh cone:a test or a rheological apparatus?[J].Cement and concrete research,2005,35(5):823-830.

[26] BARBERO R S,ALBANI A D,et al.Ancient and modern salt marshes in the Lagoon of Venice[J].Palaeogeography,palaeoclimatology,palaeoecology,2004,202(3/4):229-244.

[27] WATANABE A,MOROI K,et al.Contributions of humic substances to the dissolved organic carbon pool in wetlands from different climates[J].Chemosphere,2012,88(10):1265-1268.

［28］ BOTTARI A, BOTTARI C, et al.Genesis and geomorphologic and ecologi-cal evolution of the Ganzirri salt marsh (Messina, Italy)［J］.Quaternary in-ternational,2005,140:150-158.

［29］ REDFIELD G W.Ecological research for aquatic science and environmental restoration in south Florida［J］.Ecological applications,2000,10(4):990-1005.

［30］ HENRY C P, AMOROS C.Restoration ecology of riverine wetlands:I.A sci-entific base［J］.Environmental management,1995,19:891-902.

［31］ MONTALTO F A, STEENHUIS T S, et al. The hydrology of Piermont Marsh, a reference for tidal marsh restoration in the Hudson river estuary, New York［J］.Journal of hydrology,2006,316(1/2/3/4):108-128.

［32］ BALLETTO J H, HEIMBUCH M V, et al.Delaware Bay salt marsh restora-tion:mitigation for a power plant cooling water system in New Jersey, USA ［J］.Ecological engineering,2005,25(3):204-213.

［33］ TEAL J M, WEISHAR L.Ecological engineering, adaptive management, and restoration management in Delaware Bay salt marsh restoration［J］.Ecologi-cal engineering,2005,25(3):304-314.

［34］ 许木启,黄玉瑶.受损水域生态系统恢复与重建研究［J］.生态学报, 1998,18(5):547-557.

［35］ 赵晓英,孙成权.恢复生态学及其发展［J］.地球科学进展,1998,13(5): 474-480.

［36］ 李静.陕西三河湿地生态评价与保护研究［D］.西安:陕西师范大学, 2004.

［37］ WILSON R F, MITSCH W J.Functional assessment of five wetlands con-structed to mitigate wetland loss in Ohio, USA［J］.Wetlands, 1996, 16: 436-451.

［38］ LADOUCHE B, WENG P. Hydrochemical assessment of the Rochefort marsh:Role of surface and groundwater in the hydrological functioning of the wetland［J］.Journal of hydrology,2005,314(1/2/3/4):22-42.

［39］ LARSON J S, MAZZARESE D B.Rapid assessment of wetlands:history and application to management［J］.Global wetlands:old world and new,1994, 6:625-636.

［40］ GETACHEW M, AMBELU A, et al.Ecological assessment of Cheffa Wetland in the Borkena Valley,northeast Ethiopia:Macroinvertebrate and bird communities[J].Ecological indicators,2012,15(1):63-71.

[41] CHARMAN D J,ARAVENA R,et al.Carbon dynamics in a forested peatland in north-eastern Ontario,Canada[J].Journal of ecology,1994:55-62.

[42] 汪爱华,张树清,张柏.三江平原沼泽湿地景观空间格局变化[J].生态学报,2003,23(2):237-243.

[43] SADER S A,AHL D,et al.Accuracy of Landsat-TM and GIS rule-based methods for forest wetland classification in Maine[J].Remote sensing of environment,1995,53(3):133-144.

[44] SMITH G M,SPENCER T,et al.Assessing seasonal vegetation change in coastal wetlands with airborne remote sensing:an outline methodology[J]. Mangroves and salt marshes,1998,2:15-28.

[45] MOREAU S,LE TOAN T.Biomass quantification of Andean wetland forages using ERS satellite SAR data for optimizing livestock management[J].Remote sensing of environment,2003,84(4):477-492.

[46] 刘振乾,吕宪国,刘红玉.黄河三角洲和辽河三角洲湿地资源的比较研究[J].资源科学,2000,22(3):60-65.

[47] 刘晓曼,蒋卫国,王建,等.东北地区湿地资源动态分析[J].资源科学, 2004,26(5):105-110.

[48] CZEREPKO J.A long-term study of successional dynamics in the forest wetlands[J].Forest Ecology and Management,2008,255(3-4):630-642.

[49] CHO C H,HUH S H.Community structure and distribution of phytoplankton in the Naktong River estuary[J].Ocean Research,1988,10(1):39-45.

[50] MUYLAERT K,SABBE K.Spring phytoplankton assemblages in and around the maximum turbidity zone of the estuaries of the Elbe(Germany), the Schelde(Belgium/The Netherlands) and the Gironde(France)[J]. Journal of Marine Systems,1999,22(2-3):133-149.

[51] DEVERCELLI M,O'FARRELL I.Factors affecting the structure and maintenance of phytoplankton functional groups in a nutrient rich lowland river [J].Limnologica,2013,43(2):67-78.

[52] DOMINGUES R B,BARBOSA A B,et al.Phytoplankton composition, growth and production in the Guadiana estuary(SW Iberia):Unraveling changes induced after dam construction[J].Science of the Total Environ-

ment,2012,416:300-313.

[53] 王建辉.黄河首曲湿地藻类多样性研究[J].三江源区生态保护与可持续发展高级学术研讨会论文摘要汇编,2005.

[54] 李秋华,韩博平.基于 CCA 的典型调水水库浮游植物群落动态特征分析[J].生态学报,2007,27(6):2355-2364.

[55] CARDOSO S J,ROLAND F,et al.Phytoplankton abundance,biomass and diversity within and between Pantanal wetland habitats[J].Limnologica, 2012,42(3):235-241.

[56] BOYER J N,CHRISTIAN R R,et al.Patterns of phytoplankton primary productivity in the Neuse River estuary,North Carolina,USA[J].Marine e-cology progress series.Oldendorf,1993,97(3):287-297.

[57] ARRIGO K R,LOWRY K E,et al.Annual changes in sea ice and phyto-plankton in polynyas of the Amundsen Sea,Antarctica[J].Deep Sea Re-search Part II:Topical Studies in Oceanography,2012,71:5-15.

[58] 张茹春,牛玉璐,等.北京怀沙河,怀九河自然保护区藻类组成及时空分布动态研究[J].西北植物学报.2006,26(8):1663-1670.

[59] FLEMING-LEHINEN V,LAAMANEN M.Long-term changes in Secchi depth and the role of phytoplankton in explaining light attenuation in the Baltic Sea[J].Estuarine,Coastal and Shelf Science,2012,102:1-10.

[60] 吴琼.九段沙湿地自然保护区及其附近水体浮游植物的研究[D].上海:上海师范大学,2007.

[61] MURKIN E J,MURKIN H R,et al.Nektonic invertebrate abundance and distribution at the emergent vegetation-open water interface in the Delta Marsh,Manitoba,Canada[J].Wetlands,1992,12:45-52.

[62] HARING Jr L W,MEESON B W,et al.Phytoplankton production in two east coast estuaries:photosynthesis-light functions and patterns of carbon assimilation in Chesapeake and Delaware Bays[J].Estuarine,Coastal and Shelf Science,1986,23(6):773-806.

[63] NOGUEIRA E,GONZÁLEZ-NUEVO G,et al.The influence of phytoplank-ton productivity,temperature and environmental stability on the control of copepod diversity in the North East Atlantic[J].Progress in Oceanography, 2012,97:92-107.

[64] ABREU P C,ODEBRECHT C,et al.Particulate and dissolved phytoplank-

ton production of the Patos Lagoon estuary, southern Brazil: comparison of methods and influencing factors[J].Journal of Plankton Research,1994,16 (7):737-753.

[65] LUNDY M E,SPENCER D F,et al.Managing phosphorus fertilizer to reduce algae,maintain water quality,and sustain yields in water-seeded rice [J].Field Crops Research,2012,131:81-87.

[66] 沈志良.长江口海区理化环境对初级生产力的影响[J].海洋湖沼通报, 1993,(1):47-51.

[67] FRANZ J,KRAHMANN G,et al.Dynamics and stoichiometry of nutrients and phytoplankton in waters influenced by the oxygen minimum zone in the eastern tropical Pacific[J].Deep Sea Research Part I:Oceanographic Research Papers,2012,62:20-31.

[68] SEBASTIÁ M T,RODILLA M,et al.Influence of nutrient inputs from a wetland dominated by agriculture on the phytoplankton community in a shallow harbour at the Spanish Mediterranean coast[J].Agriculture,ecosystems & environment,2012,152:10-20.

[69] CRONK J K,MITSCH W J.Aquatic metabolism in four newly constructed freshwater wetlands with different hydrologic inputs[J].Ecological Engineering,1994,3(4):449-468.

[70] Gayoso A M.Long-term phytoplankton studies in the Bahía Blanca estuary, Argentina[J].ICES Journal of Marine Science,1998,55(4):655-660.

[71] 计勇,张洁,等.赣江中下游浮游藻类群落结构与水质评价[J].中国农村水利水电,2012,5:28-31.

[72] 胡芳,刘桢.湘江长沙段浮游藻类动态监测与水质评价[J].环境科学与管理,2012,37(2):111-113.

[73] 卞少伟,于洪贤,等.桃山水库浮游植物群落结构及水质营养状态评价 [J].水生态学杂志,2012,33(1):53-57.

[74] 殷旭旺,渠晓东,等.基于着生藻类的太子河流域水生态系统健康评价 [J].生态学报,2012,32(6):1677-1691.

[75] RIGOSI A,RUEDA F J.Hydraulic control of short-term successional changes in the phytoplankton assemblage in stratified reservoirs[J].Ecological Engineering,2012,44:216-226.

[76] AMENGUAL-MORRO C,NIELL G M,et al.Phytoplankton as bioindicator

for waste stabilization ponds[J].Journal of Environmental Management, 2012,95:S71-S76.

[77] ZHOU Q,ZHANG J,et al.Biomonitoring:an appealing tool for assessment of metal pollution in the aquatic ecosystem[J].Analytica chimica acta, 2008,606(2):135-150.

[78] BOZARTH A,MAIER U G,et al.Diatoms in biotechnology:modern tools and applications[J].Applied microbiology and biotechnology,2009,82: 195-201.

[79] COUTINHO M T P,BRITO A C,et al.A phytoplankton tool for water quality assessment in semi-enclosed coastal lagoons:Open vs closed regimes [J].Estuarine,Coastal and Shelf Science,2012,110:134-146.

[80] ENACHE M,PRAIRIE Y T.WA-PLS diatom-based pH,TP and DOC inference models from 42 lakes in the Abitibi clay belt area (Quebec,Canada)[J].Journal of Paleolimnology,2002,27:151-171.

[81] PAPPAS J L.Phytoplankton assemblages,environmental influences and trophic status using canonical correspondence analysis,fuzzy relations,and linguistic translation[J].Ecological Informatics,2010,5(2):79-88.

[82] RIMET F.Benthic diatom assemblages and their correspondence with ecoregional classifications:case study of rivers in north-eastern France[J]. Hydrobiologia,2009,636(1):137-151.

[83] 沈韫芬.微型生物在污水处理中的原理、作用和应用[J].生物学通报, 1999,34(7):1-4.

[84] 栾青杉,孙军,等.长江口夏季浮游植物群落与环境因子的典范对应分析[J].植物生态学报,2007,31(3):445-450.

[85] 高亚辉,虞秋波,等.长江口附近海域春季浮游硅藻的种类组成和生态分布[J].应用生态学报,2003,14(7):1044-1048.

[86] 王瑜,刘录三,等.白洋淀浮游植物群落结构与水质评价[J].湖泊科学, 2011,23(4):575-580.

[87] 董旭辉,羊向东,等.长江中下游地区湖泊硅藻一总磷转换函数[J].湖泊科学,2006,18(1):1-12.

[88] 高彩凤,李学军,等.北运河浮游植物调查及水质评价[J].水生态学杂志,2012,33(2):85-90.

[89] 沈会涛,刘存歧.白洋淀浮游植物群落及其与环境因子的典范对应分析

[J].湖泊科学,2008,20(1):773-779.

[90] 况琪军,胡征宇,等.香溪河流域浮游植物调查与水质评价[J].武汉植物学研究,2004,22(6):507-513.

[91] 郭劲松,谢丹,等.三峡水库开县消落区水域冬季蓄水期间藻类群落结构与水质评价[J].环境科学,2012,33(4):1129-1135.

[92] 佟守正,吕宪国,等.三江平原湿地研究与展望[J].资源科学,2005,11(6):180-187.

[93] 朱宝光,董树斌,等.洪河国家级自然保护区湿地功能区保育与湿地补偿研究[J].湿地科学与管理,2006,2(3):25-28.

[94] 秦喜文,张树清,等.扎龙国家级自然保护区丹顶鹤巢址的空间分布格局分析[J].湿地科学,2009,7(2):106-111.

[95] 邹红菲,吴庆明,等.扎龙保护区火烧及湿地注水后丹顶鹤(Grus japonensis)巢址选择[J].东北师大学报,2003,35(1):54-59.

[96] MITSCH W J,GOSSELINK J G.Wetlands[M].John wiley & sons,2015.

[97] 衣伟宏,杨柳,等.基于ETM+影响的扎龙湿地遥感分类研究[J].湿地科学,2004,2(3):208-212.

[98] 赵旭.扎龙湿地水环境与可持续发展[J].湿地科学,2005,3(4):286-291.

[99] 李波,苏岐芳,等.扎龙湿地的生态环境评价及防治对策[J].中国环境监测,2002,18(3):33-37.

[100] 逄世良.扎龙自然保护区丹顶鹤的航空调查报告[J].高师理科学刊,2000,20(2):59-60.

[101] 郭春景,倪宏伟,等.扎龙国家级自然保护区的种子植物区系研究[J].国土与自然资源研,1998,(2):57-60.

[102] 张海鹰.扎龙湿地生态资源保护与开发对策研究[J].环境保护,2004,32(2):29-31.

[103] 盖赫莉,王淑梅,等.对扎龙湿地生态环境的分析[J].黑龙江环境通报,2002,26(3):94-96.

[104] 于保群,朱世龙,等.扎龙湖的水生维管束植物[J].黑龙江水产,1998,(1):35-36.

[105] 舒展.扎龙湿地生态环境评价[D].哈尔滨:东北林业大学,2006.

[106] 王钰祺.扎龙自然保护区湿地资源评价与水环境质量分析[D].哈尔滨:东北林业大学,2009.

[107] 孙砳石.气候变化对扎龙湿地生态环境的影响[J].黑龙江气象,2001,(1):32-34.

[108] 王永洁,邓伟.扎龙湿地水环境可持续性度量研究[J].地理科学,2006,26(6):722-727.

[109] 周林飞,许士国,等.扎龙湿地生态系统服务功能及恢复的研究[J].水土保持研究,2005,12(4):167-171.

[110] 戴向前,刘昌明,等.扎龙湿地生态需水研究[J].南水北调与水利科技,2007,5(5):41-44.

[111] 彭璇,安清平,等.扎龙湿地生态修复与保护的思考[J].黑龙江水利科学,2007,35(3):98-99.

[112] 张囡囡,臧淑英.扎龙湿地克钦湖富营养化状态的高光谱遥感评价[J].地理科学,2012,32(2):232-237.

[113] 赵旭,裕振,等.湿地保护区水环境评价方法及其应用[J].勘探科学技术,2008,(1):30-32.

[114] 周晏敏,朱桂香,等.应用浮游植物对扎龙自然保护区水质的初步评价[J].干旱环境监测,1993,7(2):80-82.

[115] 王泽斌,马云,等.扎龙湿地浮游植物群落结构及多样性研究[J].环境科学与管理,2011,36(5):1-4.

[116] 李晶,齐佩时,等.扎龙湿地夏秋季浮游植物群落结构[J].东北林业大学学报,2012,40(5):86-90.

[117] 胡鸿钧,魏印心.中国淡水藻类系统,分类及生态[M].北京:科学出版社,2006.

[118] CLEVE-EULER A.Die Diatomeen von Schweden und Finnland Teil V.(Schluss.)[M].Kungl.Svenska vetenskaps-akademien,1952.

[119] SKVORTZOW B W.Diatoms from a mountain bog,Kaolingtze,Pinchiangsheng Province,Manchoukuo[J].Philippine Journal of Science,1938,66(3):343-362.

[120] SKVORTZOW B W.Diatoms from Argun River,Hsing-An-Pei Rrovince,Manchoukuo[J].Philippine Journal of Science,1938,66:43-74.

[121] SKVORTZOW B W.Diatoms from Chengtu,Szechwan,Western China[M].1938.

[122] WILLIAMS D M,REID G.19 Large and Species Rich Taxa:Diatoms,Geography and Taxonomy[J].Reconstructing the Tree of Life:Taxonomy and

Systematics of Species Rich Taxa,2006:305.

[123] SKVORTZOW B W.Diatoms from Poyang Lake,Hunan,China[J].Philippine Journal of Science,1935,57(4):465-477.

[124] SKVORTZOV B V.Moss diatoms flora from River Gan in the northern part of Great Khingan Mountains,Inner Mongolia,China,with description of a new genera Porosularia gen.nov.from Inner Mongolia,northern Manchuria and southern China.i[J].Quarterly journal,1976,29(1-2):111-152.

[125] SKVORTZOV B V.Notes on Algal Flora of Manchoukuo.IV[J].Shokubutsugaku Zasshi,1937,51(610):783-791.

[126] SKVORTZOV B V.On some new fresh-water diatoms from Soochow,Province Kiangsu,middle China with 19 figures[J].Quarterly Journal of the Taiwan Museum.1971,24(1-2):59-65.

[127] SKVOTZOW B W.Subaërial diatom flora from Hongkong,Asia[J].Quarterly Journal of the Taiwan Museum.1975,(3-4):407-430.

[128] SKVORTSOV B W.Subaerial diatoms from Pin-Chiang-Sheng Province,Manchoukuo[J].Philippine Journal of Science,1938,65(3):263-281.

[129] SKVORTZOW B W.Subaerial diatoms from Shanghai[J].Philippine Journal of Science,1937,64:443-451.

[130] LANGE-BERTALOT H.Frankophila,Mayamaea und Fistulifera:drei neue gattungen der klasse Bacillariophyceae[J].Archiv für Protistenkunde,1997,148(1-2):65-76.

[131] KRAMMER K,LANGE-BERTALOT H.Süßwasserflora von Mitteleuropa,Bd.02/1:Bacillariophyceae,1.Teil:Naviculaceae,A:Text;B:Tafeln[M].Spektrum Akademischer Verlag,1999.

[132] FOGED N.Diatoms in Alaska[M].Bibliotheca phycologica,1981.

[133] FOGED N.Freshwater diatoms in Iceland[M].Bibliotheca phycologica,1974.

[134] 范亚文,包文美.中国东北桥弯藻科和异极藻科的研究[D].哈尔滨:哈尔滨师范大学,1991.

[135] 范亚文,胡征宇.黑龙江省兴凯湖地区管壳缝目硅藻初步研究[J].水生生物学报,2004,4(28):421-425.

[136] 范亚文.黑龙江省管壳缝目植物研究[M].哈尔滨:东北林业大学,

2004.

[137] 胡鸿钧.中国淡水藻类[M].北京:科学出版社,1979.

[138] RAWLENCE D J.A study of pigment and diatoms in a core from Lake Rotorua,North Island, New Zealand,with emphasis on recent history[J].Journal of the Royal Society of New Zealand,1984,14(2):119-132.

[139] GASSE F.East African diatoms,taxonomy,ecological distribution[J].Biblioth Diatomol,1986.

[140] KRAMMER K,LANGE-BERTALOT H.Süβwasserflora von Mitteleuropa. 2.Teil:Bacillariaceae,Epithemiaceae,Surirellaceae[M].Berlin:Spektrum Akademischer Verlag,1997.

[141] KRAMMER K, LANGE-BERTALOT H. Bacillariophyceae. 3. Teil:Centrales,Fragilariaceae, Eunotiaceae.Süβwasserflora von Mitteleuropa[M].Berlin:Spektrum Akademischer Verlag,1991.

[142] KRAMMER K,LANGE-BERTALOT H.Bacillariophyceae.4.Teil:Achnanthaceae, kritische Erganzungen zu Achnanthes sl, Navicula s. str. und Gomphonema. S ṽ βwasserflora von Mitteleuropa [M]. Berlin: Spektrum Akademischer Verlag,2004.

[143] 齐雨藻,李家英,等.中国淡水藻志,第十卷,硅藻门,羽纹纲[M].北京:科学出版社,2004.

[144] 施之新.中国淡水藻志,第十二卷,异极藻科[M].北京:科学出版社,2004.

[145] GERMAIN H.Flore des diatomées:Diatomophycées[M].Boubée,1981.

[146] PATRICK R,REIMER C W.The diatoms of the United States[M].Academy of Natural Sciences,1966.

[147] SERIEYSSOL K K.Diatoms of Europe:Diatoms of the European Inland Waters and Comparable habitats[J].Diatom Research,2012,27:103-103.

[148] 朱蕙忠,陈嘉佑.湖南武陵源自然保护区水生生物[M].北京:科学出版社,1989.

[149] PAN Y,STEVENSON R J,et al.Using diatoms as indicators of ecological conditions in lotic systems:a regional assessment[J].Journal of the North American Benthological Society,1996,15(4):481-495.

[150] SMOL J P,CUMMING B F,et al.Inferring Past Climatic Changes in Can-

ada Using Paleolimnological Techniques[J].Geoscience Canada,1994,21
(3):113-118.

[151] 沈韫芬,顾曼如,等.微型生物监测新技术[M].北京:中国建筑工业出
版社,1990.

[152] 金相灿,屠清瑛,等.湖泊富营养化调查规范[M].北京:中国环境科学
出版社,1990.

[153] 张世森.环境监测技术[M].北京:高等教育出版社,2001.

[154] MOORE J W.Seasonal succession of algae in a eutrophic stream in south-
ern England[J].Hydrobiologia,1977,53:181-192.

[155] 王渊源,姜庆国,等.培养小形舟形藻的氮,磷肥料量[J].海洋科学,
1986(5):35-37.

[156] 晏妮.贵州两种类型喀斯特水库浮游植物分布与富营养化特征比较研
究[D].贵阳:贵州师范大学,2006.

[157] 金相灿,刘树坤,等.中国湖泊环境[M].北京:海洋出版社,1995.

[158] NAKANURA Y.Ammonium uptake kinetics and interactions between ni-
trate and ammonium uptake in Chattonella antiqua[J].Journal of the Oce-
anographical Society of Japan,1985,41:33-38.

[159] KOLKWITZ R,MARSSON M.Ökologie per pflanzlichen Saprobien[J].
Festschrift zur Feier des,1908,25.

[160] PALMER C M.A composite rating of algae tolerating organic pollution 2
[J].Journal of phycology,1969,5(1):78-82.

[161] PRIBIL S,LHOTSKY O.Algal assays and monitoring eutrophication[M].
Stuttgart:Schweizerbart,1979.

[162] TER BRAAK C J F,PRENTICE I C.A theory of gradient analysis[J].Ad-
vances in Ecological Researches,1988,18:271-317.

[163] TER BRAAK C J F.Canonical correspondence analysis:a new eigenvector
technique for multivariate direct gradient analysis[J].Ecology,1986,67
(5):1167-1179.

[164] HALL R I,SMOL J P.A weighted-averaging regression and calibration
model for inferring total phosphorus concentration from diatoms in British
Columbia(Canada)lakes[J].Freshwater Biology,1992,27(3):417-
434.

[165] JONGMAN R H G,TER BRAAK C J F,et al.Data analysis in community

and landscape ecology[M].London:Cambridge university press,1995.

[166] BENNION H.A diatom-phosphorus transfer function for shallow,eutrophic ponds in southeast England[J].Nutrient dynamics and biological structure in Shallow Freshwater and Brackish Lakes,1994:391-410.

[167] TER BRAAK C J F.The analysis of vegetation-environment relationships by canonical correspondence analysis[J].Vegetatio,1987,69:69-77.

[168] TER BRAAK C J F,Verdonschot P F M.Canonical correspondence analysis and related multivariate methods in aquatic ecology[J].Aquatic sciences,1995,57:255-289.

[169] BORCARD D,LEGENDRE P,et al.Partialling out the spatial component of ecological variation[J].Ecology,1992,73(3):1045-1055.

[170] BRAAKTER C J F,SMILAUER R.CANOCO Reference Manual and user's Guide to canoco for windows (version 4]5)[M].Netherlands:Centre for Biometry Wageningen,2002.

[171] TILMAN G D.Plant dominance along an experimental nutrient gradient [J].Ecology,1984,65(5):1445-1453.

[172] PIENITZ R,SMOL J P,et al.Assessment of freshwater diatoms as quantitative indicators of past climatic change in the Yukon and Northwest Territories,Canada[J].Journal of Paleolimnology,1995,13:21-49.

[173] WECKSTRÖM J,KORHOLA A,et al.The relationship between diatoms and water temperature in thirty subarctic Fennoscandian lakes[J].Arctic and Alpine Research,1997,29(1):75-92.

[174] ROSEACUTE P,HALL R,et al.Diatom transfer-functions for quantifying past air temperature,pH and total organic carbon concentration from lakes in northern Sweden[J].Journal of Paleolimnology,2000,24:109-123.

[175] SEMINA H J.The size of phytoplankton cells in the Pacific Ocean[J].Internationale Revue der gesamten Hydrobiologie und Hydrographie,1972,57(2):177-205.

[176] FORE L S,GRAFE C.Using diatoms to assess the biological condition of large rivers in Idaho (USA)[J].Freshwater Biology,2002,47(10):2015-2037.

[177] MACGREGOR A J,GELL P A,et al.Natural and post - European settlement variability in water quality of the lower Snowy River floodplain,east-

ern Victoria, Australia[J]. River Research and Applications, 2005, 21(2 - 3):201-213.

[178] 徐立,徐顺清,等.汉江武汉段浮游藻类动态监测与水质评价[J].中国卫生检验杂志,2005,11(15):1349-1350.

[179] 《全国主要湖泊、水库富营养化调查研究》课题组.湖泊富营养化调查规范[M].中国环境科学出版社,1987.

[180] 袁洪福,褚小立,等.水分析手册[M].中国石化出版社,2005.

[181] 国家环境保护总局《水和废水监测分析方法》编委会.水和废水监测分析方法（第四版）[M].中国环境科学出版社,2002.

[182] 许夏玲.滴水湖浮游植物群落结构及其与环境因子关系的研究[D].上海:上海师范大学,2008.

[183] 蔡燕红.杭州湾浮游植物生物多样性研究[D].青岛:中国海洋大学,2006.

[184] 吴波.上海苏州河,黄浦江浮游植物群落结构及其对环境指示作用的研究[D].上海:上海师范大学,2006

[185] CARLSON R E.A trophic state index for lakes 1[J].Limnology and oceanography,1977,22(2):361-369.

[186] 王明翠,刘雪芹,等.湖泊富营养化评价方法及分级标准[J].中国环境监测,2002,18(5):47-49.

[187] 王铁军,查学芳,等.贵州遵义高坪水源地岩溶地下水重金属污染健康风险初步评价[J].环境科学研究,2008,21(1):46-50.

[188] 陈鸿汉,谌宏伟,等.污染场地健康风险评价的理论和方法[J].地理前缘,2006,13(1):216-223.

[189] 胡二邦.环境风险评价实用技术和方法[M].北京:中国环境科学出版社,2000.

[190] VALENTIN J.Basic anatomical and physiological data for use in radiological protection:reference values:ICRP Publication 89[M].Annals of the ICRP,2002.

[191] ASSESSMENT C R.Proposed guidelines for carcinogen risk assessment [J].Federal Register,1996,61(79):17960-18011.

[192] FEDERAL R.Proposed guidelines for assessing female reproductive risk [J].Federal Register,1988,53:24834-24847.

[193] ASSESSMENT E.Guidelines for exposure assessment[J].Federal Regis-

ter,1992,57(104):22888-938.

[194] 李剑,马建华,等.路旁土壤-小麦系统重金属积累及其健康风险评价
[J].植物生态学报,2009,33(3):624-628.

[195] FIELD J G,CLARKE K R,et al.A practical strategy for analysing multi-
species distribution patterns[J].Marine ecology progress series,1982:37-
52.

[196] SOUISSI S,IBANEZ F,et al.A new multivariate map method for studying
species assemblages and their habitats:example using bottom trawl sur-
veys in the Bay of Biscay (France)[J].Sarsia,2001,86(6):527-542.

[197] CLARKE K R,WARWICK R M.Change in marine communities[M].An
approach to statistical analysis and interpretation,2001.

[198] CLARKE K R,GREEN R H.Statistical design and analysis for a′biologi-
cal effects′ study[J].Marine Ecology Progress Series,1988:213-226.

[199] PALMER M W.Putting things in even better order:the advantages of ca-
nonical correspondence analysis[J].Ecology,1993,74(8):2215-2230.

[200] 张金屯.数量生态学[M].北京:科学出版社,2004.

[201] CHATTOPADHYAY J,SARKAR R R,et al.Dynamics of nutrient - phy-
toplankton interaction in the presence of viral infection[J].BioSystems,
2003,68(1):5-17.

[202] CARDINALE B J,PALMER M A,et al.Species diversity enhances eco-
system functioning through interspecific facilitation[J].Nature,2002,415
(6870):426-429.

[203] 贺筱蓉,李共国.杭州西溪湿地首期工程区浮游植物群落结构及水之
关系[J].湖泊科学,2009,21(6):795-800.

[204] SUIKKANEN S,LAAMANEN M,et al.Long-term changes in summer phy-
toplankton communities of the open northern Baltic Sea[J].Estuarine,
Coastal and Shelf Science,2007,71(3-4):580-592.

[205] LICURSI M,SIERRA M V,et al.Diatom assemblages from a turbid coastal
plain estuary:Río de la Plata (South America)[J].Journal of Marine sys-
tems,2006,62(1-2):35-45.

[206] NALEWAJKO C,MURPHY T P.Effects of temperature,and availability of
nitrogen and phosphorus on the abundance of Anabaena and Microcystis
in Lake Biwa,Japan:an experimental approach[J].Limnology,2001,2:

45-48.

[207] 肖利娟.海南省7座大型水库浮游植物群落特征和富营养化分析[D].广东:暨南大学,2008.

[208] 韩欢欢,范亚文.黑龙江省安兴湿地秋季浮游植物群落结构[J].湖泊科学,2012,24(4):577-585.

[209] NEGRO A I,DE HOYOS C,et al.Phytoplankton structure and dynamics in Lake Sanabria and Valparaíso reservoir (NW Spain)[M].Springer Netherlands,2000.

[210] PROULX M,PICK F R,et al.Experimental evidence for interactive impacts of human activities on lake algal species richness[J].Oikos,1996:191-195.

[211] WATSON S B,MCCAULEY E,DOWNING J A.Patterns in phytoplankton taxonomic composition across temperate lakes of differing nutrient status[J].Limnology and Oceanography,1997,42(3):487-495.

[212] CHAPIN III F S,ZAVALETA E S,et al.Consequences of changing biodiversity[J].Nature,2000,405(6783):234-242.

[213] NAEEM S,LI S.Biodiversity enhances ecosystem reliability[J].Nature,1997,390(6659):507-509.

[214] TILMAN D,REICH P B,et al.Diversity and productivity in a long-term grassland experiment[J].Science,2001,294(5543):843-845.

[215] 覃雪波,马成学,等.安邦河湿地浮游植物及营养现状评价[J].农业环境科学学报,2007,26(B03):288-296.

[216] 邢宏.沧州大浪淀水库巨颤藻"水华"的处理[J].中国给水排水,2005,21(5):83-83.

[217] 林碧琴,谢淑琦.水生藻类与水体污染监测[M].沈阳:辽宁大学出版社,1988.

[218] 刘冬梅,姜霞,等.太湖藻对水-沉积物界面磷交换过程的影响[J].环境科学研究,2006,19(4):8-13.

[219] 刘丽萍.滇池水华特征及成因分析[J].环境科学研究,1999,12(5):36-37.

[220] NECCHI-JÚNIOR O,BRANCO L H Z,e al.Ecological distribution of stream macroalgal communities from a drainage basin in the Serra da

Canastra National Park, Minas Gerais, Southeastern Brazil[J]. Brazilian Journal of Biology, 2003, 63:635-646.

[221] ASTEL A, TSAKOVSKI S, et al. Multivariate classification and modeling in surface water pollution estimation[J]. Analytical and Bioanalytical Chemistry, 2008, 390:1283-1292.

[222] 余建英, 何旭宏. 数据统计分析与 SPSS 应用[M]. 北京:人民邮电出版社, 2003.

[222] 盛周军, 孙世群, 等. 基于主成分分析的河流水环境质量评价研究[J]. 环境科学与管理, 2007, 32(12):172-175.

[223] LOSKA K, WIECHU A D. Application of principal component analysis for the estimation of source of heavy metal contamination in surface sediments from the Rybnik Reservoir[J]. Chemosphere, 2003, 51(8):723-733.

[225] DELVALLS T Á, FORJA J M, et al. Determining contamination sources in marine sediments using multivariate analysis[J]. TrAC Trends in Analytical Chemistry, 1998, 17(4):181-192.

[226] 鲁斐, 李磊. 主成分分析在辽河水质评价中的应用[J]. 水利科技与经济, 2006, 12(10):660-662.

[227] 李玉, 俞志明, 等. 运用主成分分析(PCA)评价海洋沉积物中重金属污染来源[J]. 环境科学, 2006, 27(1):137-141.

[228] 王晓鹏. 河流水质综合评价之主成分分析方法[J]. 数理统计与管理, 2001, 20(4):49-52.

[229] 由文辉. 我国利用水生生物评价水质的研究进展[J]. 环境科学动态, 1994, (1):6-9.

[230] 郭跃东, 邓伟, 等. 扎龙河滨湿地水体营养化污染特征及水环境恢复对策[J]. 生态环境, 2003, 12(4):393-397.

[231] 马徐发, 熊邦喜, 等. 道观河水库浮游植物的群落结构和现存量[J]. 淡水渔业, 2004, 34(4):11-14.

[232] 刘冬燕, 赵建夫, 等. 富营养水体生物修复中浮游植物的群落特征[J]. 水生生物学报, 2005, 29(2):177-183.

[233] ARHONDITSIS G B, WINDER M, et al. Patterns and mechanisms of phytoplankton variability in Lake Washington (USA)[J]. Water Research, 2004, 38(18):4013-4027.

[234] NA E H, PARK S S. A hydrodynamic and water quality modeling study of

spatial and temporal patterns of phytoplankton growth in a stratified lake with buoyant incoming flow[J].Ecological Modelling,2006,199(3):298-314.

[235] 崔毅,陈碧娟,等.乳山湾浮游植物与环境因子的相关关系研究[J].应用生态学报,2000,11(6):935-938.

[236] ARFI R.The effects of climate and hydrology on the trophic status of Sélingué Reservoir,Mali,West Africa[J].Lakes & Reservoirs:Research & Management,2003,8(3-4):247-257.

[237] HORN H.The relative importance of climate and nutrients in controlling phytoplankton growth in Saidenbach Reservoir[J].Hydrobiologia,2003,504:159-166.

[238] 刘东艳,孙军,等.胶州湾浮游植物研究 II 环境因子对浮游植物群落结构变化的影响[J].青岛海洋大学学报,2002,32(3):415-421.

[239] 文贵,李纯厚,等.GIS 支持下考洲洋养殖水域浮游植物数量的时空分布及其营养盐的相关性研究[J].生态学杂志,2005,24(5):513-517.

[240] GURBUZ H,KIVRAK E.Use of epilithic diatoms to evaluate water quality in the Karasu River of Turkey[J].Journal of Environmental Biology,2002,23(3):239-246.

[241] KOTUT K,KRIENITZ L,et al.Temporal changes in phytoplankton structure and composition at the Turkwel Gorge Reservoir,Kenya[J].Hydrobiologia,1998,368:41-59.

[242] THORNTON K W,KIMMEL B L,et al.Reservoir limnology:ecological perspectives[M].John Wiley & Sons,1991.

[243] KEDDY P A.Wetland ecology:principles and conservation[M].Cambridge university press,2010.

[244] 吕宪国.湿地科学研究进展及研究方向[J].中国科学院院刊,2002,17(3):170-172.

附　录

附录 1

洪河保护区硅藻植物的种类分布（2007 年—2008 年）

种名/采集年份	月份/采样点（年份）	五 1	五 2	五 3	五 4	五 5	五 6	五 7	五 8	六 1	六 2	六 3	六 4	六 5	六 6	六 7	六 8	七 1	七 2	七 3	七 4	七 5	七 6	七 7	七 8	八 1	八 2	八 3	八 4	八 5	八 6	八 7	八 8	九 1	九 2	九 3	九 4	九 5	九 6	九 7	九 8	十 1	十 2	十 3	十 4	十 5	十 6	十 7	十 8
1. Achnanthes clevei Grun.	07																												+								+												
	08									+																																							
2. Achnanthes hungarica Grun. Rapheless valve	07				+								+						+	+	+	+	+	+	+	+	+	+	+	+	+	+	+	+	+	+	+	+	+	+									
	08																			+	+	+	+	+	+	+	+	+	+	+	+	+	+	+	+	+	+	+	+	+									
3. Achnanthes laevis Oestrup	07										+				+																				+														
	08															+																				+													
4. Achnanthes kryophila Petersen	07	+					+		+	+																																							
	08		+				+					+		+																																			

表（续）

月份/采样点　种名/采集年份	采集年份	五1	五2	五3	五4	五5	五6	五7	五8	六1	六2	六3	六4	六5	六6	六7	六8	七1	七2	七3	七4	七5	七6	七7	七8	八1	八2	八3	八4	八5	八6	八7	八8	九1	九2	九3	九4	九5	九6	九7	九8	十1	十2	十3	十4	十5	十6	十7	十8
5. *Amphora ovalis* Kütz	07										+				+																																		
	08			+						+			+																																				
6. *Aulacoseira granulata* (Ehrenberg) Simonsen	07														+	+					+		+																										
	08		+									+	+						+																														
7. *Caloneis amphisbaena* (Bory) Cl.	07	+		+	+	+	+	+	+		+	+	+	+	+	+	+	+	+	+	+	+	+	+	+	+	+	+	+	+	+	+	+																
	08		+	+	+	+	+	+	+	+	+	+	+	+	+	+	+	+	+	+						+																							
8. *Caloneis silicula* (Ehrenberg) Cleve	07						+										+				+			+																									
	08		+			+																			+								+																
9. *Cocconeis placentula* (Ehr.) Hust.	07									+									+	+	+	+	+	+	+	+	+	+	+	+	+	+	+	+	+	+	+	+	+	+									
	08								+	+								+	+	+	+	+	+	+	+	+	+	+	+	+	+	+	+	+	+	+	+	+	+	+									
10. *Cocconeis placentula* var. *euglypta*	07	+	+	+	+	+	+	+	+	+	+	+	+	+	+	+	+	+	+	+	+	+	+	+	+	+	+	+	+	+	+	+	+										+			+			
	08	+	+	+	+	+	+	+	+	+	+	+	+	+	+	+	+	+	+	+	+	+	+	+	+	+	+	+	+	+	+	+	+									+	+	+	+	+	+	+	+
11. *Cocconeis placentula* var. *lineata*	07	+																																															
	08		+			+															+																												
12. *Cocconeis placentula* var. *pseudolineata*	07																			+						+	+	+	+	+	+	+	+																
	08																		+	+					+	+	+	+	+	+	+	+	+																

表（续）

种名/采集年份	采集年份	五								六								七								八								九								十							
月份/采样点		1	2	3	4	5	6	7	8	1	2	3	4	5	6	7	8	1	2	3	4	5	6	7	8	1	2	3	4	5	6	7	8	1	2	3	4	5	6	7	8	1	2	3	4	5	6	7	8
13. *Cyclotella meneghiniana* Kütz.	07																		+	+	+	+	+	+	+		+	+	+	+	+	+	+	+	+	+	+	+	+	+	+								
	08																		+	+	+	+	+	+	+		+	+	+	+	+	+	+	+	+	+	+	+	+	+	+								
14. *Cymbella affinis* Kütz.	07																																								+					+			
	08																																	+									+						
15. *Cymbella aspera*	07																	+																															
	08																		+																								+						
16. *Cymbella gracilis* (Rabh.) Cleve	07		+	+	+	+	+	+	+		+	+	+	+	+	+	+	+	+	+	+	+	+	+	+		+	+	+	+	+	+	+									+	+	+	+	+	+	+	+
	08		+	+	+	+	+	+	+			+	+	+	+	+	+		+	+	+	+	+	+	+	+	+	+	+	+	+	+	+									+	+	+	+	+	+	+	+
17. *Cymbella naviculiformis* (Auerswald) Krammer	07	+	+	+	+	+	+	+	+			+	+	+	+	+	+		+	+	+	+	+	+	+																+			+	+	+	+	+	+
	08		+	+	+	+	+	+	+						+	+	+	+	+	+	+	+	+	+	+																		+	+	+	+	+	+	+
18. *Cymbella tumida* (de Brébisson) Van Heurck	07		+	+	+	+	+	+	+																									+		+	+	+	+	+	+					+	+	+	+
	08	+	+	+	+	+	+	+	+																																			+	+	+	+	+	+
19. *Cymbella turgidula* Grun.	07	+	+	+	+	+	+	+	+		+	+	+	+	+	+	+		+	+	+	+	+	+	+		+	+	+	+	+	+	+		+	+	+	+	+	+	+	+	+	+	+	+	+	+	+
	08		+	+	+	+	+	+	+		+	+	+	+	+	+	+			+	+	+	+	+	+	+	+	+	+	+	+	+	+										+	+	+	+	+	+	+
20. *Encyonema elginense* (Krammer) D. G. Mann	07		+								+	+							+									+								+	+	+	+	+	+	+	+	+	+	+	+	+	+
	08												+	+	+	+	+										+								+	+	+	+	+	+	+		+				+		+

表（续）

月份/采样点 种名/采集年份		五								六								七								八								九								十							
		1	2	3	4	5	6	7	8	1	2	3	4	5	6	7	8	1	2	3	4	5	6	7	8	1	2	3	4	5	6	7	8	1	2	3	4	5	6	7	8	1	2	3	4	5	6	7	8
21. *Encyonema ventricosum* (Agardh) Grun.	07	+																								+	+	+	+	+	+	+		+	+	+	+	+	+	+	+		+	+	+	+	+	+	+
	08																									+	+	+	+	+	+	+	+	+	+	+	+	+	+	+	+		+	+	+	+	+	+	+
22. *Encyonema vulgare* Krammer	07	+																																+	+	+	+	+	+	+	+								
	08																			+					+	+				+	+	+	+	+	+	+	+	+	+	+	+								
23. *Eunotia arcus* var. *bidens* Grun.	07	+	+	+							+	+	+	+	+	+	+		+	+	+	+	+	+	+	+			+						+	+	+	+	+	+	+	+		+	+	+	+	+	+	+
	08	+								+	+	+	+	+	+	+	+	+	+	+	+	+	+	+	+	+	+	+	+	+	+	+	+	+	+	+	+	+	+	+	+	+	+	+	+	+	+	+	+
24. *Eunotia bilunaris* (Ehrenberg) Mills	07	+								+	+	+	+	+	+	+	+					+	+	+	+	+	+	+	+	+	+	+	+	+	+	+	+	+	+	+	+	+	+	+	+	+	+	+	+
	08	+								+	+	+	+	+	+	+	+		+	+	+	+	+	+	+	+	+	+	+	+	+	+	+	+	+	+	+	+	+	+	+	+	+	+	+	+	+	+	+
25. *Eunotia bilunaris* var. *mucophila*	07	+								+	+	+	+	+	+	+	+	+	+	+	+	+	+	+	+	+		+						+	+	+	+	+	+	+	+								
	08	+								+	+	+	+	+	+	+	+		+	+	+	+	+	+	+	+								+	+	+	+	+	+	+	+								
26. *Eunotia exigna* (Bréb.) Grun.	07	+									+	+	+	+	+	+	+		+	+	+	+	+	+	+	+	+								+	+	+	+	+	+	+								
	08	+									+	+	+	+	+	+	+		+	+	+	+	+	+	+	+																							
27. *Eunotia faba* Ehrenberg	07	+	+							+	+	+	+	+	+	+	+	+	+	+	+	+	+	+	+	+		+						+	+	+	+	+	+	+	+	+	+	+	+	+	+	+	+
	08	+	+	+	+	+	+	+	+	+	+	+	+	+	+	+	+	+	+	+	+	+	+	+	+									+	+	+	+	+	+	+	+	+	+	+	+	+	+	+	+
28. *Eunotia flexuosa* Kütz.	07	+	+							+	+	+	+	+	+	+	+			+	+	+	+	+	+								+	+	+	+	+	+	+	+	+	+	+	+	+	+	+	+	+
	08	+	+	+	+	+	+	+	+	+	+	+	+	+	+	+	+	+	+	+	+	+	+	+	+	+								+	+	+	+	+	+	+	+	+	+	+	+	+	+	+	+

表（续）

月份/采样点 种名/采集年份		五								六								七								八								九								十							
		1	2	3	4	5	6	7	8	1	2	3	4	5	6	7	8	1	2	3	4	5	6	7	8	1	2	3	4	5	6	7	8	1	2	3	4	5	6	7	8	1	2	3	4	5	6	7	8
29. Eunotia incisa	07			+																							+	+	+	+	+	+																	
	08																											+	+	+	+	+	+																
30. Eunotia lunaris （Ehr.) Grun.	07	+	+	+	+	+	+	+	+	+	+	+	+	+	+	+	+	+	+	+	+	+	+	+	+	+	+	+	+	+	+	+	+	+	+	+	+	+	+	+	+	+	+	+	+	+	+	+	+
	08	+	+	+	+	+	+	+	+	+	+	+	+	+	+	+	+	+	+	+	+	+	+	+	+	+	+	+	+	+	+	+	+	+	+	+	+	+	+	+	+	+	+	+	+	+	+	+	+
31. Eunotia nymanniana Grunow	07	+																+	+	+	+	+	+	+	+		+	+	+	+	+													+	+	+	+	+	+
	08							+										+	+	+	+						+	+	+	+	+	+														+	+	+	+
32. Eunotia paludosa	07		+	+	+	+	+	+	+		+	+	+	+	+	+	+																	+	+	+	+	+	+	+	+				+	+	+	+	
	08		+	+	+	+	+	+	+		+	+	+	+	+	+	+																		+	+	+	+	+	+	+					+	+	+
33. Eunotia pectinalis var. undulata Ralfs	07									+	+	+	+	+	+	+	+																									+	+	+	+	+	+	+	+
	08									+	+	+	+	+	+	+	+																									+	+	+	+	+	+	+	+
34. Eunotia pectinalis var. ventralis （Ehr.) Hust.	07	+	+	+	+	+	+	+	+	+	+	+	+	+	+	+	+									+	+	+	+	+	+	+		+	+	+	+	+	+	+	+		+	+	+	+	+	+	+
	08	+	+	+	+	+	+	+	+	+	+	+	+	+	+	+	+									+	+	+	+	+	+	+	+	+	+	+	+	+	+	+			+	+	+	+	+	+	+
35. Eunotia praerupta Ehr.	07	+	+	+	+	+	+	+	+	+	+	+	+	+	+	+	+																										+	+	+	+	+	+	+
	08	+	+	+	+	+	+	+	+	+	+	+	+	+	+	+	+																										+	+	+	+	+	+	+
36. Eunotia soleirolii （Kützing) Rabenhorst	07	+								+	+			+																		+																	
	08										+			+		+																																	

表（续）

种名/采集年份	采集年份	五1	五2	五3	五4	五5	五6	五7	五8	六1	六2	六3	六4	六5	六6	六7	六8	七1	七2	七3	七4	七5	七6	七7	七8	八1	八2	八3	八4	八5	八6	八7	八8	九1	九2	九3	九4	九5	九6	九7	九8	十1	十2	十3	十4	十5	十6	十7	十8
37. Eunotia species	07									+	+																																						+
	08												+	+																																			+
38. Eunotia subarcuatoides Alles, Nörpel&Lange-Bertalot	07			+	+	+	+	+	+	+	+	+	+	+	+	+	+																										+	+	+	+	+	+	+
	08		+	+	+	+	+	+	+	+	+	+	+	+																												+	+	+	+	+	+	+	
39. Eunotia tenella (Grunow) Hustedt	07	+	+	+	+	+	+	+	+	+	+	+	+	+	+	+	+			+	+			+																		+	+	+	+	+	+	+	+
	08	+	+	+	+	+	+	+	+	+	+	+	+	+	+	+	+					+																				+	+	+	+	+	+	+	+
40. Eunotia valida Hust.	07	+	+	+	+	+	+	+	+	+	+	+	+	+	+	+	+									+				+	+	+	+						+	+	+	+	+	+	+	+	+	+	+
	08	+	+	+	+	+	+	+	+	+	+	+	+	+	+	+	+																									+	+	+	+	+	+	+	+
41. Fragilaria lappinica Grun.	07																+																																
	08										+																																						
42. Fragilaria ulna (Nitzsch) Lange-Berralot var. ulna (sensu lato)	07	+			+	+	+	+	+									+	+		+	+		+	+	+	+	+	+	+	+	+	+	+		+	+	+	+	+	+								+
	08		+	+														+		+							+	+	+	+	+	+	+			+													
43. Geissleria ignota (Krasske) Lange-Bertalot &Metzeltin	07									+						+																		+	+	+	+	+	+	+	+								
	08										+																								+	+	+	+	+	+									
44. Geissleria moseri Metzeltin, Witkowski&Lange-Bertalot	07	+	+	+	+	+	+	+	+										+	+	+	+	+	+	+		+	+	+	+	+	+	+	+	+	+	+	+	+	+	+								
	08	+	+	+	+	+	+	+	+									+	+	+	+	+	+	+	+	+	+	+	+	+	+	+	+		+	+	+	+	+	+	+								

表（续）

种名/采集年份	采集年份	五								六								七								八								九								十							
月份/采样点		1	2	3	4	5	6	7	8	1	2	3	4	5	6	7	8	1	2	3	4	5	6	7	8	1	2	3	4	5	6	7	8	1	2	3	4	5	6	7	8	1	2	3	4	5	6	7	8
45. Gomphonema acuminatum Ehr.	07	+	+	+	+	+	+	+	+	+	+	+	+	+	+	+																			+	+	+	+	+	+	+								
	08	+	+	+	+	+	+	+	+	+	+	+	+	+	+	+																		+	+	+	+	+	+	+	+								
46. Gomphonema acuminatum var. coronata	07	+	+	+	+	+	+	+	+	+	+	+	+	+	+	+	+	+	+	+	+	+	+	+	+	+	+	+	+	+	+	+	+	+	+	+	+	+	+	+	+								
	08	+	+	+	+	+	+	+	+									+	+	+	+	+	+	+	+	+	+	+	+	+	+	+	+	+	+	+	+	+	+	+	+								
47. Gomphonema acuminatum var. pusillum Grunow	07	+	+	+	+	+	+	+	+											+	+	+	+	+	+			+	+	+	+	+	+									+	+	+	+	+	+	+	+
	08	+	+	+	+	+	+	+	+					+	+	+		+	+	+	+	+	+	+	+	+	+	+	+	+	+	+	+									+	+	+	+	+	+	+	+
48. Gomphonema angustatum var. producta Grun.	07	+	+	+	+	+	+	+	+									+	+	+	+	+	+	+	+	+	+	+	+	+	+	+	+	+	+	+	+	+	+	+	+								
	08	+	+	+	+	+	+	+	+									+	+	+	+	+	+	+	+	+	+	+	+	+	+	+	+	+	+	+	+	+	+	+	+								
49. Gomphonema apicatum Ehr.	07	+	+	+	+	+	+	+	+																																	+	+	+	+	+	+	+	+
	08	+	+	+	+	+	+	+	+																																	+	+	+	+	+	+	+	+
50. Gomphonema auritum A. Braun ex Kützing	07	+	+	+	+	+	+	+	+	+	+	+	+	+	+	+	+	+	+	+	+	+	+	+	+	+	+	+	+	+	+	+	+	+	+	+	+	+	+	+	+	+	+	+	+	+	+	+	+
	08	+	+	+	+	+	+	+	+	+	+	+	+	+	+	+	+	+	+	+	+	+	+	+	+	+	+	+	+	+	+	+	+	+	+	+	+	+	+	+	+	+	+	+	+	+	+	+	+
51. Gomphonema constrictum Ehr	07									+	+	+	+	+	+	+	+							+	+									+	+	+	+	+	+	+									
	08									+	+	+	+	+	+	+	+																	+	+	+	+	+	+	+	+								
52. Gomphonema constrictum var. capitata	07						+					+	+	+	+	+					+		+																										
	08		+												+	+					+		+																										

表（续)

月份 种名	采样点 年份	五 1	五 2	五 3	五 4	五 5	五 6	五 7	五 8	六 1	六 2	六 3	六 4	六 5	六 6	六 7	六 8	七 1	七 2	七 3	七 4	七 5	七 6	七 7	七 8	八 1	八 2	八 3	八 4	八 5	八 6	八 7	八 8	九 1	九 2	九 3	九 4	九 5	九 6	九 7	九 8	十 1	十 2	十 3	十 4	十 5	十 6	十 7	十 8
53. *Gomphonema gracile* Ehr.	07	+	+	+	+	+	+	+							+	+	+						+	+				+	+	+	+	+	+										+	+	+	+	+	+	+
	08	+	+	+	+	+	+	+							+	+	+						+	+				+	+	+	+	+	+									+	+	+	+	+	+	+	+
54. *Gomphonema hebridense* Gregory	07	+	+	+	+	+	+	+		+	+	+	+	+	+	+	+	+	+	+	+	+	+	+		+	+	+	+	+	+	+	+			+	+	+	+	+	+	+	+	+	+	+	+	+	+
	08	+	+	+	+	+	+	+		+	+	+	+	+	+	+	+	+	+	+	+	+	+	+		+	+	+	+	+	+	+	+			+	+	+	+	+	+	+	+	+	+	+	+	+	+
55. *Gomphonema lagerheimii* A. Cleve	07	+	+	+	+	+	+	+		+	+	+	+	+	+	+	+	+	+	+	+	+	+	+	+	+	+	+	+	+	+	+	+	+	+	+	+	+	+	+	+		+	+	+	+	+	+	+
	08	+	+	+	+	+	+	+		+	+	+	+	+	+	+	+	+	+	+	+	+	+	+	+	+	+	+	+	+	+	+	+	+	+	+	+	+	+	+	+		+	+	+	+	+	+	+
56. *Gomphonema longiceps* var. *subclavata* f. *gracilis* Hust.	07	+	+	+	+	+	+	+			+	+	+	+	+	+	+																																
	08	+	+	+	+	+	+	+		+	+	+	+	+	+	+	+																																
57. *Gomphonema martini* Fricke	07	+									+									+															+				+										
	08																																																
58. *Gomphonema montanum* var. *medium* Grunow	07	+																+	+	+	+	+	+	+	+	+	+	+	+	+	+	+	+										+	+	+	+	+	+	+
	08																	+	+	+	+	+	+	+	+	+	+	+	+	+	+	+	+										+	+	+	+	+	+	+
59. *Gomphonema olivaceoides* Hust	07	+								+	+	+	+	+	+	+	+			+			+	+	+	+	+	+	+	+	+	+	+	+	+	+	+	+	+	+	+								
	08	+	+	+						+	+																							+	+	+	+	+	+	+	+								
60. *Gomphonema parvulum* (Kützing) Grunow	07																																		+		+												
	08																																+	+															

表（续）

种名/采集年份	采集年份	五1	五2	五3	五4	五5	五6	五7	五8	六1	六2	六3	六4	六5	六6	六7	六8	七1	七2	七3	七4	七5	七6	七7	七8	八1	八2	八3	八4	八5	八6	八7	八8	九1	九2	九3	九4	九5	九6	九7	九8	十1	十2	十3	十4	十5	十6	十7	十8
61. Gomphonema parvulum var. lagenula（Kützing）Frenguelli	07	+								+	+	+	+	+	+	+	+	+	+	+	+	+	+	+	+	+	+	+	+	+	+	+	+	+	+	+	+	+	+	+	+	+	+	+	+	+	+	+	+
	08		+							+	+	+	+	+	+	+	+	+	+	+	+	+	+	+	+	+	+	+	+	+	+	+	+	+	+	+	+	+	+	+	+	+	+	+	+	+	+	+	+
62. Gomphonema species oder Nitzschia species.	07	+	+	+	+	+	+	+	+	+	+	+	+	+	+	+	+	+	+	+	+	+	+	+	+	+	+	+	+	+	+	+	+	+	+	+	+	+	+	+	+	+	+	+	+	+	+	+	+
	08		+	+	+	+	+	+	+	+	+	+	+	+	+	+	+	+	+	+	+					+	+	+	+	+	+	+	+	+	+	+	+	+	+	+	+	+	+	+	+	+	+	+	+
63. Gomphonema truncatum Ehrenberg	07	+	+	+	+	+	+	+	+	+	+	+	+	+	+	+	+	+	+	+	+																					+	+	+	+	+	+	+	+
	08	+	+	+	+	+	+	+		+	+	+	+	+	+	+	+	+	+	+	+																					+	+	+	+	+	+	+	
64. Gomphonema turris var. sinicum	07																																					+				+	+	+					
	08																																			+													
65. Hantzschia amphioxys（Ehrenberg）W. Smith	07																									+	+	+	+	+	+	+	+	+	+	+	+	+											
	08																									+	+	+	+	+	+	+	+	+	+	+	+												
66. Hantzschia amphioxys f. capitata. Ф. Müll.	07																									+	+	+	+	+	+	+	+	+	+	+	+	+	+	+									
	08																									+	+	+	+	+	+	+	+	+	+	+	+	+											
67. Hantzschia elongata（Hantzsch）Grunow	07									+	+	+	+	+	+	+	+	+	+	+	+	+	+	+	+																	+	+	+	+	+	+	+	+
	08									+	+	+	+	+	+	+	+	+	+	+	+	+	+	+	+																	+	+	+	+	+	+		
68. Hantzschia virgata var. capitellata	07																	+	+	+	+	+	+	+	+																								
	08																	+	+	+	+	+	+	+	+																								

表（续）

种名/采集年份	采集年份	五								六								七								八								九								十							
		1	2	3	4	5	6	7	8	1	2	3	4	5	6	7	8	1	2	3	4	5	6	7	8	1	2	3	4	5	6	7	8	1	2	3	4	5	6	7	8	1	2	3	4	5	6	7	8
69. *Hantzschia virgata* （Roper） Grunow	07																																					+										+	
	08																																									+		+					
70. *Hantzschia vivax* （W. Smith）	07	+	+	+	+	+	+	+										+	+	+	+	+	+	+	+	+	+	+	+	+	+	+		+	+	+	+	+	+	+	+								
	08	+	+	+	+	+	+	+	+									+	+	+	+	+	+	+	+	+	+	+	+	+	+	+	+	+	+	+	+	+	+	+	+								
71. *Navicula aquaedurae* Lange-Bertalot	07	+	+	+	+	+	+	+	+																	+	+	+	+	+	+																		
	08			+	+	+																																											
72. *Navicula cryptocephala* Kütz.	07	+	+	+	+	+	+	+	+	+	+	+	+	+	+	+	+	+	+	+	+	+	+	+	+	+	+	+	+	+	+	+	+	+	+	+	+	+	+	+	+								
	08																						+	+																									
73. *Navicula cryptocephala* var. *veneta* （Kütz.） Rabh.	07				+						+																	+		+																			
	08		+															+											+																				
74. *Navicula graciloides* A. Mayer	07												+						+																														
	08																				+																												
75. *Navicula laevissima* Kütz.	07	+	+	+	+	+	+	+	+									+	+	+	+	+	+	+	+	+	+	+	+	+	+	+	+	+	+	+	+	+	+	+	+								
	08	+	+	+	+	+	+	+	+	+	+	+	+	+	+	+	+	+	+	+	+	+	+	+	+	+	+	+	+	+	+	+	+	+	+	+	+	+	+	+	+								
76. *Navicula neoventricosa* Hust	07	+	+	+	+	+	+	+	+	+	+	+	+	+	+	+	+	+	+	+	+	+	+	+	+	+	+	+	+	+	+	+	+	+	+	+	+	+	+	+	+		+	+	+	+	+	+	
	08	+	+	+	+	+	+	+	+	+	+	+	+	+	+	+	+	+	+	+	+	+	+	+	+	+	+	+	+	+	+	+	+	+	+	+	+	+	+	+	+	+	+	+	+	+	+	+	+

表（续）

种名 / 采样点 采集年份	五								六								七								八								九								十							
	1	2	3	4	5	6	7	8	1	2	3	4	5	6	7	8	1	2	3	4	5	6	7	8	1	2	3	4	5	6	7	8	1	2	3	4	5	6	7	8	1	2	3	4	5	6	7	8
77. *Navicula pupula* 07																									+	+	+	+	+	+	+	+	+	+	+	+	+	+	+	+								
08																									+	+	+	+	+	+	+	+	+	+	+	+	+	+	+	+								
78. *Navicula pupula* var. *rectangularis* Grun. 07						+	+	+																								+	+			+	+											
08							+	+																									+			+	+											
79. *Navicula radiosa* Kützing 07				+	+	+	+	+																									+	+	+	+	+	+	+	+								
08	+	+	+	+	+	+	+	+																								+	+	+	+	+	+	+	+	+								
80. *Navicula salinarum* Grun. 07			+	+	+	+	+	+	+	+	+	+	+	+	+	+	+	+	+	+	+	+	+	+	+	+	+	+	+	+	+	+	+	+	+	+	+	+	+	+								
08	+	+	+	+	+	+	+	+	+	+	+	+	+	+	+	+	+	+	+	+	+	+	+	+	+	+	+	+	+	+	+	+	+	+	+	+	+	+	+	+								
81. *Navicula secura* Patr. 07										+		+			+																																	
08												+			+																																	
82. *Navicula seminulum* Grun 07				+														+						+	+	+	+	+	+	+	+	+	+	+	+	+	+	+	+	+								
08																		+					+	+	+	+	+	+	+	+	+	+	+	+	+	+	+	+	+	+								
83. *Navicula stroemii* Hustedt 07	+																																															
08				+				+			+																																					
84. *Navicula subtilissima* Cl. 07	+	+	+	+	+	+	+	+	+	+	+	+	+	+	+	+	+	+	+	+	+	+	+	+	+	+	+	+	+	+	+	+	+	+	+	+	+	+	+	+	+	+	+	+	+	+	+	+
08	+	+	+	+	+	+	+	+	+	+	+	+	+	+	+	+	+	+	+	+	+	+	+	+	+	+	+	+	+	+	+	+	+	+	+	+	+	+	+	+	+	+	+	+	+	+	+	+

表（续）

种名	采集年份	五1	五2	五3	五4	五5	五6	五7	五8	六1	六2	六3	六4	六5	六6	六7	六8	七1	七2	七3	七4	七5	七6	七7	七8	八1	八2	八3	八4	八5	八6	八7	八8	九1	九2	九3	九4	九5	九6	九7	九8	十1	十2	十3	十4	十5	十6	十7	十8
85. Navicula viridula Kütz.	07									+	+																																						
	08									+	+																																						
86. Neidium ampliatum (Ehrenberg) Krammer	07	+		+	+	+	+	+	+	+	+	+	+	+	+	+	+																									+							
	08		+	+	+	+	+	+	+	+	+	+	+	+	+	+																										+							
87. Neidium bisulcatum (Lagerst) Cleve	07			+							+	+	+	+	+	+	+																	+	+	+	+	+	+	+									
	08		+			+				+				+	+	+																		+	+	+	+	+	+	+									
88. Neidium bisulcatum var. subampliatum Krammer	07									+	+	+	+	+	+	+	+	+	+	+	+	+	+	+	+	+	+	+	+	+	+	+		+	+	+	+	+	+	+									
	08									+	+			+	+	+	+	+	+	+	+	+	+	+										+	+	+	+												
89. Nitzschia amphibia f. frauenfeldii	07											+					+																																
	08		+			+						+																																					
90. Nitzschia brevissima	07	+	+	+	+	+	+	+	+	+	+	+	+	+	+	+	+	+	+	+	+	+	+	+	+	+	+	+	+	+	+	+	+	+	+	+	+	+	+	+									
	08	+	+	+	+	+	+	+		+	+	+	+	+	+	+	+	+	+	+	+	+	+	+										+	+	+	+												
91. Nitzschia capitellata Hustedt	07		+	+	+	+	+	+		+	+	+	+	+	+	+	+	+	+	+	+	+	+	+																									
	08	+	+	+	+	+	+	+	+	+	+	+	+	+	+	+	+	+	+	+	+	+	+	+	+	+	+							+	+	+	+												
92. Nitzschia clausii Hantzsch	07	+	+	+	+	+	+	+	+	+	+	+	+	+	+	+	+	+	+	+	+	+	+	+	+	+	+	+	+	+	+	+	+	+	+	+	+	+	+	+	+	+	+	+	+	+	+	+	+
	08	+	+	+	+	+	+	+	+	+	+	+	+	+	+	+	+	+	+	+	+	+	+	+	+	+	+	+	+	+	+	+	+	+	+	+	+	+	+	+	+	+	+	+	+	+	+	+	+

表（续）

种名/采集年份	采集年份	五1	五2	五3	五4	五5	五6	五7	五8	六1	六2	六3	六4	六5	六6	六7	六8	七1	七2	七3	七4	七5	七6	七7	七8	八1	八2	八3	八4	八5	八6	八7	八8	九1	九2	九3	九4	九5	九6	九7	九8	十1	十2	十3	十4	十5	十6	十7	十8
93. Nitzschia gracilis Hantzsch	07																																						+	+									
	08																																		+	+	+	+	+	+									
94. Nitzschia palea （Kützing）W. Smith	07									+	+	+	+	+	+	+																			+	+	+	+	+	+	+	+	+	+	+	+	+	+	
	08											+	+	+	+	+	+	+	+															+	+	+	+	+	+	+	+	+	+	+	+	+	+	+	+
95. Nitzschia parvula	07																								+									+	+	+	+	+	+	+	+								
	08									+								+	+						+									+	+	+	+	+	+	+	+								
96. Nitzschia perminuta（Grunow）Peragallo	07	+	+	+	+	+	+	+						+	+											+	+	+	+	+	+	+	+	+	+	+	+	+	+	+	+								
	08	+	+	+	+	+	+	+						+	+	+												+	+	+	+	+	+	+	+	+	+	+	+	+	+								
97. Pinnularia borealis Ehrenberg	07	+	+	+	+	+	+	+		+	+	+	+	+	+	+									+																	+	+	+	+	+	+	+	+
	08	+	+	+	+	+	+	+	+			+	+	+	+	+																										+	+	+	+	+	+	+	+
98. Pinnularia borealis var. subislandica Krammer	07																	+								+	+	+	+	+	+	+	+	+	+	+	+	+	+	+									
	08																	+										+						+	+	+	+	+	+	+									
99. Pinnularia borealis var. scalaris	07					+	+																						+							+	+	+	+	+									
	08			+	+	+	+	+																											+	+	+	+	+	+									
100. Pinnularia brauniana Grunow	07		+	+	+	+	+	+							+							+	+	+	+									+	+	+	+	+	+	+		+	+	+	+	+	+	+	+
	08	+	+	+	+	+	+	+							+					+	+	+	+	+	+										+	+	+	+	+	+		+	+	+	+	+	+	+	+

表（续）

种名	采集年份	\\ 五1	五2	五3	五4	五5	五6	五7	五8	六1	六2	六3	六4	六5	六6	六7	六8	七1	七2	七3	七4	七5	七6	七7	七8	八1	八2	八3	八4	八5	八6	八7	八8	九1	九2	九3	九4	九5	九6	九7	九8	十1	十2	十3	十4	十5	十6	十7	十8
101. *Pinnularia brevicostata* Cleve	07							+		+	+	+	+	+	+	+	+			+		+								+														+	+	+	+	+	+
	08							+		+	+	+	+	+	+	+	+			+				+																	+			+	+	+	+	+	+
102. *Pinnularia crucifera* Cleve-Euler	07								+								+								+																								
	08								+								+								+																								
103. *Pinnularia divergens* W. Smith	07	+	+	+	+	+	+	+	+	+	+	+	+	+	+	+	+																									+	+	+	+	+	+	+	+
	08	+	+	+	+	+	+	+	+	+	+	+	+	+	+	+	+																										+	+	+	+	+	+	+
104. *Pinnularia divergens* var. *media*	07	+	+	+	+	+	+	+	+	+	+	+	+	+	+	+	+									+	+	+	+	+	+	+	+	+	+	+	+	+	+	+	+								
	08	+	+	+	+	+	+	+	+	+	+	+	+	+	+	+	+									+	+	+	+	+	+	+	+	+	+	+	+	+	+	+	+								
105. *Pinnularia eifelana* Krammer	07	+	+	+	+	+	+	+	+	+	+	+	+	+	+	+	+									+	+	+	+	+	+	+	+	+	+	+	+	+	+	+	+								
	08	+	+	+	+	+	+	+	+	+	+	+	+	+	+	+	+									+	+	+	+	+	+	+	+	+	+	+	+	+	+	+	+								
106. *Pinnularia gibba* Ehr.	07	+	+	+	+	+	+	+	+	+	+	+	+	+	+	+	+	+	+	+	+	+	+	+	+	+	+	+	+	+	+	+	+	+	+	+	+	+	+	+	+	+	+	+	+	+	+	+	+
	08	+	+	+	+	+	+	+	+	+	+	+	+	+	+	+	+	+	+	+	+	+	+	+	+	+	+	+	+	+	+	+	+	+	+	+	+	+	+	+	+	+	+	+	+	+	+	+	+
107. *Pinnularia gracillima* Gregory	07	+	+	+	+	+	+	+	+	+	+	+	+	+	+	+	+	+	+	+	+	+	+	+	+	+	+	+	+	+	+	+	+	+	+	+	+	+	+	+	+								
	08	+	+	+	+	+	+	+	+	+	+	+	+	+	+	+	+	+	+	+	+	+	+	+	+	+	+	+	+	+	+	+	+	+	+	+	+	+	+	+	+								
108. *Pinnularia ivaloensis* Krammer	07	+	+	+	+			+	+	+	+	+	+	+	+	+	+																									+	+	+	+	+	+	+	+
	08	+	+	+	+	+	+	+	+	+	+	+	+	+	+	+	+																									+	+	+	+	+	+	+	+

表（续）

种名	采集年份	五1	五2	五3	五4	五5	五6	五7	五8	六1	六2	六3	六4	六5	六6	六7	六8	七1	七2	七3	七4	七5	七6	七7	七8	八1	八2	八3	八4	八5	八6	八7	八8	九1	九2	九3	九4	九5	九6	九7	九8	十1	十2	十3	十4	十5	十6	十7	十8
109. *Pinnularia mormonorum* (Grun)	07	+	+	+	+	+	+	+	+		+	+	+	+	+	+	+																										+	+	+	+	+	+	
	08		+	+	+	+	+	+	+	+	+	+	+	+	+	+	+																									+	+	+	+	+	+	+	
110. *Pinnularia ovata* Krammer	07													+	+																																		
	08										+	+	+				+																																
111. *Pinnularia peracuminata*	07		+									+		+	+	+																																	
	08									+	+	+	+	+	+	+	+																																
112. *Pinnularia reichardtii*	07																																	+	+	+	+	+	+										
	08																																	+	+	+	+	+	+	+									
113. *Pinnularia semicruciata* (A. Schmidt) Cleve	07										+	+	+	+	+	+	+	+	+	+	+	+	+	+																				+	+	+	+		
	08									+	+	+	+	+	+	+	+	+	+	+	+	+	+	+	+																		+	+	+	+	+		
114. *Pinnularia sinistra* Krammer	07												+	+	+	+	+																										+	+	+	+	+	+	
	08									+	+	+	+	+	+																													+	+	+	+		
115. *Pinnularia stomatophora* (Grunow) Cleve	07	+	+	+	+	+	+	+	+		+	+	+	+	+	+										+																	+	+	+	+	+	+	
	08	+	+	+	+	+	+	+	+		+	+	+	+	+	+										+	+	+	+	+	+											+	+	+	+	+	+	+	
116. *Pinnularia subundulata* Østrup	07																															+	+																
	08																									+	+	+	+	+	+	+	+																

表（续）

月份/采样点　种名/采集年份

种名/采集年份	采集年份	五1	五2	五3	五4	五5	五6	五7	五8	六1	六2	六3	六4	六5	六6	六7	六8	七1	七2	七3	七4	七5	七6	七7	七8	八1	八2	八3	八4	八5	八6	八7	八8	九1	九2	九3	九4	九5	九6	九7	九8	十1	十2	十3	十4	十5	十6	十7	十8
117. *Pinnularia subcapitata* var. *elongata* Krammer	07																																		+							+	+	+	+	+	+	+	+
	08																																							+		+	+	+	+	+	+	+	+
118. *Pinnularia tirolensis* (Metzeltin&Krammer)	07									+	+	+	+	+	+	+	+	+	+	+	+	+	+	+	+											+				+		+	+	+	+	+	+	+	+
	08									+	+	+	+	+	+	+	+	+	+	+	+	+	+	+	+										+							+	+	+	+	+	+	+	+
119. *Pinnularia viridis* (Nitzch.) Ehr.	07	+	+	+	+	+	+	+	+	+	+	+	+	+	+	+	+	+	+	+	+	+	+	+	+	+	+	+	+	+	+	+	+	+	+	+	+	+	+	+	+	+	+	+	+	+	+	+	+
	08	+	+	+	+	+	+	+	+	+	+	+	+	+	+	+	+	+	+	+	+	+	+	+	+	+	+	+	+	+	+	+	+	+	+	+	+	+	+	+	+	+	+	+	+	+	+	+	+
120. *Rhopalodia gibba* O. Müller	07												+		+																																		
	08											+				+																																	
121. *Stauroneis anceps* Ehrenberg	07													+	+																																		
	08											+	+																																				
122. *Stauroneis producta*	07	+	+	+	+	+	+	+	+	+	+	+	+	+	+	+	+	+	+	+	+	+	+	+	+	+	+	+	+	+	+	+	+	+	+	+	+	+	+	+	+	+	+	+	+	+	+	+	+
	08	+	+	+	+	+	+	+	+	+	+	+	+	+	+	+	+	+	+	+	+	+	+	+	+	+	+	+	+	+	+	+	+	+	+	+	+	+	+	+	+	+	+	+	+	+	+	+	+
123. *Stauroneis phoenicenteron* (Nitzsch) Ehr.	07	+	+	+	+	+	+	+	+																					+	+	+																	
	08	+	+	+	+	+	+	+	+																	+	+	+	+	+	+																		
124. *Stephanodiscus hantzschii* Grun.	07	+	+	+	+	+	+	+	+	+	+	+	+	+	+	+	+	+	+	+	+	+	+	+	+					+																			
	08	+	+	+	+	+	+	+	+	+	+	+	+	+	+	+	+	+	+	+	+	+	+	+	+			+																					

表（续）

种名/采集年份		五								六								七								八								九								十							
月份/采样点		1	2	3	4	5	6	7	8	1	2	3	4	5	6	7	8	1	2	3	4	5	6	7	8	1	2	3	4	5	6	7	8	1	2	3	4	5	6	7	8	1	2	3	4	5	6	7	8
125. *Surirella angustata* Kütz	07																																			+	+	+	+	+			+	+	+	+	+	+	+
	08																																													+	+	+	+
126. *Synedra ulna* (Nitzsch) Ehr.	07			+	+	+	+					+	+	+	+	+	+																												+	+	+	+	
	08		+	+	+	+	+	+	+	+	+	+	+	+	+	+	+																									+	+	+	+	+	+		
127. *Tabellari flocculosa* (Roth) Kützing (Sippenkomplex)	07																		+	+	+	+	+	+	+			+	+	+	+	+	+		+	+	+	+	+	+	+	+	+	+					
	08																		+	+	+	+	+	+	+	+	+	+	+	+	+	+	+	+	+	+	+	+	+	+	+								
128. *Tabellaria fenestrate* (Lyngbye) Kützing	07																		+	+	+	+	+	+	+	+	+	+	+	+	+	+	+	+	+	+	+	+	+	+	+								
	08																	+	+	+	+	+	+	+	+	+	+	+	+	+	+	+	+	+	+	+	+	+	+	+	+	+	+						

注："+"表示种类存在的区域；五－十为采样的月份；1－8为采样点

◆◇ 附录2

标本采集记录表

采样点	标本号	生活环境	气温	水温	pH值	采集时间
1	070501	漂筏苔草沼泽	16℃	11℃	6.2	2007.05.21
	070502	漂筏苔草沼泽	16℃	11℃	6.3	2007.05.21
	070601	毛果苔草-漂筏苔草沼泽	20℃	13℃	6.1	2007.06.24
	070602	毛果苔草-漂筏苔草沼泽	20℃	12℃	6.3	2007.06.24
	070701	漂筏苔草沼泽	28℃	21℃	6.2	2007.07.22
	070702	漂筏苔草沼泽	28℃	21℃	6.0	2007.07.22
	070801	狭叶甜茅-漂筏苔草-小叶章沼泽	25℃	18℃	6.3	2007.08.24
	070901	漂筏苔草沼泽	23℃	16℃	6.2	2007.09.18
	071001	漂筏苔草沼泽	5℃	2℃	6.1	2007.10.20
	080501	漂筏苔草沼泽	17℃	11℃	6.2	2008.05.19
	080502	漂筏苔草沼泽	17℃	11℃	6.1	2008.05.19
	080601	毛果苔草-漂筏苔草沼泽	19℃	12℃	6.2	2008.06.24
	080602	毛果苔草-漂筏苔草沼泽	19℃	12℃	6.3	2008.06.24
	080701	漂筏苔草沼泽	27℃	22℃	6.1	2008.07.27
	080702	漂筏苔草沼泽	27℃	22℃	6.2	2008.07.27
	080703	漂筏苔草沼泽	27℃	22℃	6.0	2008.07.27
	080704	漂筏苔草沼泽	27℃	22℃	6.3	2008.07.27
	080801	狭叶甜茅-漂筏苔草-小叶章沼泽	24℃	17℃	6.3	2008.08.24
	080802	狭叶甜茅-漂筏苔草-小叶章沼泽	24℃	17℃	6.4	2008.08.24
	080901	漂筏苔草沼泽	22℃	15℃	6.2	2008.09.20
	080902	漂筏苔草沼泽	22℃	15℃	6.4	2008.09.20
	081001	漂筏苔草沼泽	4℃	1℃	6.2	2008.10.18
2	070503	狭叶甜茅-毛果苔草沼泽	16℃	11℃	6.3	2007.05.21
	070603	狭叶甜茅-毛果苔草沼泽	20℃	13℃	6.4	2007.06.24
	070703	狭叶甜茅-毛果苔草沼泽	28℃	21℃	6.1	2007.07.22
	070802	狭叶甜茅-湿苔草沼泽	25℃	18℃	6.3	2007.08.24

表(续)

采样点	标本号	生活环境	气温	水温	pH 值	采集时间
2	070902	狭叶甜茅-湿苔草沼泽	23℃	16℃	6.4	2007.09.18
	071002	狭叶甜茅-毛果苔草沼泽	5℃	2℃	6.5	2007.10.20
	080503	狭叶甜茅-毛果苔草沼泽	17℃	11℃	6.3	2008.05.19
	080603	狭叶甜茅-毛果苔草沼泽	19℃	12℃	6.1	2008.06.24
	080705	狭叶甜茅-毛果苔草沼泽	27℃	22℃	6.6	2008.07.27
	080803	狭叶甜茅-湿苔草沼泽	24℃	17℃	6.2	2008.08.24
	080903	狭叶甜茅-湿苔草沼泽	22℃	15℃	6.4	2008.09.20
	081002	狭叶甜茅-毛果苔草沼泽	4℃	1℃	6.2	2008.10.18
3	070504	狭叶甜茅-湿苔草沼泽	16℃	11℃	6.2	2007.05.21
	070604	狭叶甜茅-湿苔草沼泽	20℃	13℃	6.4	2007.06.24
	070605	狭叶甜茅-湿苔草沼泽	20℃	13℃	6.3	2007.06.24
	070704	狭叶甜茅-湿苔草沼泽	28℃	21℃	6.1	2007.07.22
	070803	狭叶甜茅-毛果苔草沼泽	25℃	18℃	6.3	2007.08.24
	070903	狭叶甜茅-毛果苔草沼泽	23℃	16℃	6.4	2007.09.18
	071003	狭叶甜茅-毛果苔草沼泽	5℃	2℃	6.2	2007.10.20
	080504	狭叶甜茅-湿苔草沼泽	17℃	11℃	6.1	2008.05.19
	080604	狭叶甜茅-湿苔草沼泽	20℃	13℃	6.2	2008.06.24
	080706	狭叶甜茅-湿苔草沼泽	28℃	21℃	6.3	2008.07.27
	080804	狭叶甜茅-毛果苔草沼泽	25℃	18℃	6.4	2008.08.24
	080904	狭叶甜茅-毛果苔草沼泽	23℃	16℃	6.2	2008.09.20
	081003	狭叶甜茅-毛果苔草沼泽	4℃	1℃	6.2	2008.10.18
4	070505	灰脉苔草-小叶章沼泽	16℃	11℃	6.1	2007.05.21
	070506	灰脉苔草-小叶章沼泽	16℃	11℃	6.3	2007.05.21
	070606	狭叶甜茅-毛果苔草沼泽	20℃	14℃	6.2	2007.06.24
	070705	狭叶甜茅-毛果苔草沼泽	28℃	21℃	6.4	2007.07.22
	070804	狭叶甜茅-毛果苔草沼泽	25℃	18℃	6.2	2007.08.24
	070904	灰脉苔草-小叶章沼泽	23℃	16℃	6.2	2007.09.18
	071004	灰脉苔草-小叶章沼泽	5℃	2℃	6.3	2007.10.20
	080505	灰脉苔草-小叶章沼泽	17℃	11℃	6.4	2008.05.19
	080605	狭叶甜茅-毛果苔草沼泽	20℃	13℃	6.2	2008.06.24

表(续)

采样点	标本号	生活环境	气温	水温	pH 值	采集时间
4	080707	狭叶甜茅–毛果苔草沼泽	28℃	21℃	6.3	2008.07.27
	080805	狭叶甜茅–毛果苔草沼泽	25℃	18℃	6.1	2008.08.24
	080905	灰脉苔草–小叶章沼泽	22℃	15℃	6.3	2008.09.20
	081004	灰脉苔草–小叶章沼泽	4℃	1℃	6.4	2008.10.18
5	070507	芦苇沼泽	16℃	11℃	6.1	2007.05.21
	070607	芦苇沼泽	20℃	14℃	6.2	2007.06.24
	070608	芦苇沼泽	20℃	14℃	6.4	2007.06.24
	070706	芦苇沼泽	28℃	21℃	6.2	2007.07.22
	070707	芦苇沼泽	28℃	21℃	6.1	2007.07.22
	070805	芦苇沼泽–小叶章沼泽	25℃	18℃	6.3	2007.08.24
	070905	芦苇沼泽–小叶章沼泽	23℃	16℃	6.4	2007.09.18
	071005	芦苇沼泽–小叶章沼泽	5℃	2℃	6.2	2007.10.20
	080506	芦苇沼泽	17℃	11℃	6.3	2008.05.19
	080507	芦苇沼泽	17℃	11℃	6.1	2008.05.19
	080606	芦苇沼泽	20℃	13℃	6.3	2008.06.24
	080607	芦苇沼泽	20℃	13℃	6.1	2008.06.24
	080608	芦苇沼泽	20℃	13℃	6.3	2008.06.24
	080708	芦苇沼泽	28℃	21℃	6.2	2008.07.27
	080709	芦苇沼泽	28℃	21℃	6.4	2008.07.27
	080806	芦苇沼泽–小叶章沼泽	25℃	18℃	6.1	2008.08.24
	080906	芦苇沼泽–小叶章沼泽	22℃	15℃	6.3	2008.09.20
	081005	芦苇沼泽–小叶章沼泽	4℃	1℃	6.2	2008.10.18
6	070508	漂筏苔草沼泽	16℃	11℃	6.1	2007.05.21
	070609	漂筏苔草沼泽	20℃	14℃	6.4	2007.06.24
	070610	漂筏苔草沼泽	20℃	14℃	6.2	2007.07.22
	070708	毛果苔草–漂筏苔草沼泽	28℃	21℃	6.3	2007.07.22
	070709	毛果苔草–漂筏苔草沼泽	28℃	21℃	6.1	2007.07.22
	070710	毛果苔草–漂筏苔草沼泽	28℃	21℃	6.2	2007.07.22
	070806	狭叶甜茅–漂筏苔草–小叶章沼泽	25℃	18℃	6.3	2007.08.24
	070807	狭叶甜茅–漂筏苔草–小叶章沼泽	25℃	18℃	6.2	2007.08.24

表（续）

采样点	标本号	生活环境	气温	水温	pH 值	采集时间
6	070906	漂筏苔草沼泽	22℃	15℃	6.4	2007.09.18
	071006	漂筏苔草沼泽	5℃	2℃	6.2	2007.10.20
	071007	漂筏苔草沼泽	5℃	2℃	6.1	2007.10.20
	080508	漂筏苔草沼泽	17℃	11℃	6.4	2008.05.19
	080509	漂筏苔草沼泽	17℃	11℃	6.2	2008.05.19
	080609	漂筏苔草沼泽	20℃	13℃	6.3	2008.06.24
	080610	漂筏苔草沼泽	20℃	13℃	6.2	2008.06.24
	080710	毛果苔草-漂筏苔草沼泽	28℃	21℃	6.1	2008.07.27
	080711	毛果苔草-漂筏苔草沼泽	28℃	21℃	6.2	2008.07.27
	080807	狭叶甜茅-漂筏苔草-小叶章沼泽	25℃	18℃	6.4	2008.08.24
	080907	漂筏苔草沼泽	22℃	15℃	6.3	2008.09.20
	081006	漂筏苔草沼泽	4℃	1℃	6.2	2008.10.18
7	070509	小叶章-芦苇-毛果苔草沼泽	16℃	11℃	6.4	2007.05.21
	070510	小叶章-芦苇-毛果苔草沼泽	16℃	11℃	6.1	2007.05.21
	070611	小叶章-芦苇-毛果苔草沼泽	20℃	14℃	6.3	2007.06.24
	070612	小叶章-芦苇-毛果苔草沼泽	20℃	14℃	6.1	2007.06.24
	070613	小叶章-芦苇-毛果苔草沼泽	20℃	14℃	6.3	2007.06.24
	070711	漂筏苔草沼泽	28℃	22℃	6.2	2007.07.22
	070712	漂筏苔草沼泽	28℃	22℃	6.4	2007.07.22
	070713	漂筏苔草沼泽	28℃	22℃	6.3	2007.07.22
	070808	漂筏苔草沼泽	25℃	17℃	6.2	2007.08.24
	070809	漂筏苔草沼泽	25℃	17℃	6.1	2007.08.24
	070907	狭叶甜茅-漂筏苔草-小叶章沼泽	22℃	14℃	6.3	2007.09.18
	070908	狭叶甜茅-漂筏苔草-小叶章沼泽	22℃	14℃	6.3	2007.09.18
	070909	狭叶甜茅-漂筏苔草-小叶章沼泽	22℃	14℃	6.3	2007.09.18
	071008	芦苇沼泽-小叶章沼泽	5℃	2℃	6.4	2007.10.20
	071009	芦苇沼泽-小叶章沼泽	5℃	2℃	6.3	2007.10.20
	080510	小叶章-芦苇-毛果苔草沼泽	16℃	11℃	6.2	2008.05.19
	080511	小叶章-芦苇-毛果苔草沼泽	16℃	11℃	6.4	2008.05.19
	080611	小叶章-芦苇-毛果苔草沼泽	21℃	15℃	6.1	2008.06.24

表（续）

采样点	标本号	生活环境	气温	水温	pH 值	采集时间
7	080612	小叶章-芦苇-毛果苔草沼泽	21℃	15℃	6.2	2008.06.24
	080712	漂筏苔草沼泽	28℃	23℃	6.3	2008.07.27
	080713	漂筏苔草沼泽	28℃	23℃	6.2	2008.07.27
	080714	漂筏苔草沼泽	28℃	23℃	6.3	2008.07.27
	080808	漂筏苔草沼泽	25℃	17℃	6.2	2008.08.24
	080809	漂筏苔草沼泽	25℃	17℃	6.1	2008.08.24
	080810	漂筏苔草沼泽	25℃	17℃	6.2	2008.08.24
	080908	狭叶甜茅-漂筏苔草-小叶章沼泽	22℃	13℃	6.3	2008.09.20
	080909	狭叶甜茅-漂筏苔草-小叶章沼泽	22℃	13℃	6.1	2008.09.20
	080910	狭叶甜茅-漂筏苔草-小叶章沼泽	22℃	13℃	6.3	2008.09.20
	081007	芦苇沼泽-小叶章沼泽	4℃	1℃	6.2	2008.10.18
	081008	芦苇沼泽-小叶章沼泽	4℃	1℃	6.3	2008.10.18
8	070511	狭叶甜茅-漂筏苔草-小叶章沼泽	16℃	11℃	6.2	2007.05.21
	070512	狭叶甜茅-漂筏苔草-小叶章沼泽	16℃	11℃	6.1	2007.05.21
	070614	狭叶甜茅-漂筏苔草-小叶章沼泽	20℃	14℃	6.3	2007.06.24
	070615	狭叶甜茅-漂筏苔草-小叶章沼泽	20℃	14℃	6.2	2007.06.24
	070714	狭叶甜茅-漂筏苔草-小叶章沼泽	28℃	22℃	6.3	2007.07.22
	070715	狭叶甜茅-漂筏苔草-小叶章沼泽	28℃	22℃	6.2	2007.07.22
	070810	芦苇沼泽	25℃	16℃	6.2	2007.08.24
	070811	芦苇沼泽	25℃	16℃	6.3	2007.08.24
	070910	芦苇沼泽	21℃	13℃	6.2	2007.09.18
	070911	芦苇沼泽	21℃	13℃	6.3	2007.09.18
	071010	漂筏苔草沼泽	5℃	2℃	6.1	2007.10.20
	080512	狭叶甜茅-漂筏苔草-小叶章沼泽	16℃	12℃	6.1	2008.05.19
	080513	狭叶甜茅-漂筏苔草-小叶章沼泽	16℃	12℃	6.2	2008.05.19
	080613	狭叶甜茅-漂筏苔草-小叶章沼泽	20℃	14℃	6.3	2008.06.24
	080614	狭叶甜茅-漂筏苔草-小叶章沼泽	20℃	14℃	6.3	2008.06.24
	080715	狭叶甜茅-漂筏苔草-小叶章沼泽	27℃	21℃	6.4	2008.07.27
	080716	狭叶甜茅-漂筏苔草-小叶章沼泽	27℃	21℃	6.2	2008.07.27
	080811	芦苇沼泽	25℃	16℃	6.3	2008.08.24
	080812	芦苇沼泽	25℃	16℃	6.3	2008.08.24
	080911	芦苇沼泽	21℃	13℃	6.2	2008.09.20
	081009	芦苇沼泽	4℃	1℃	6.1	2008.10.18

◆ 附录 3

研究区的硅藻植物丰度图

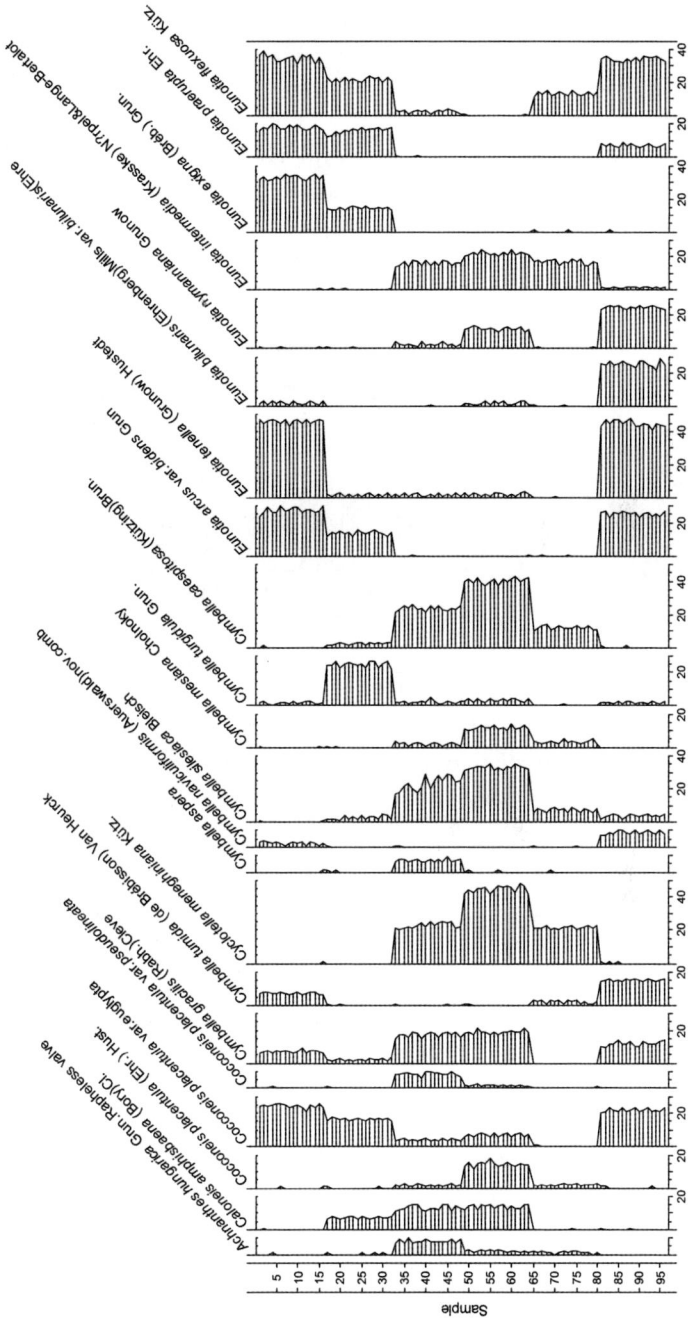

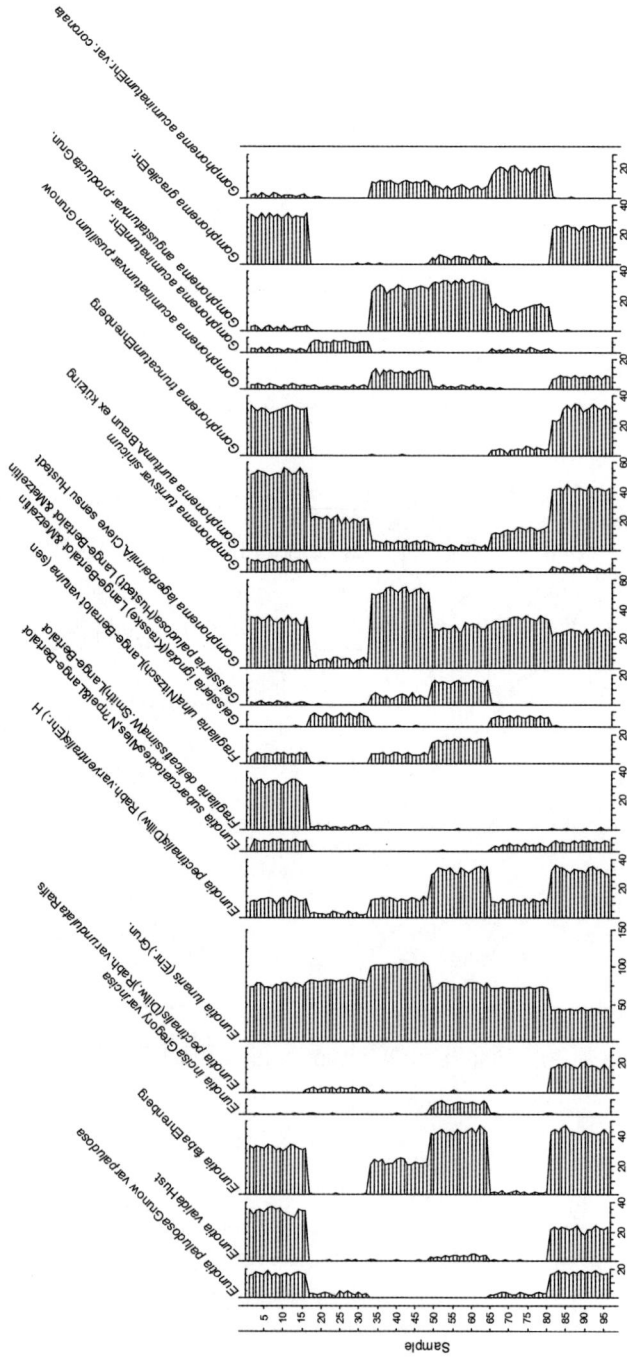

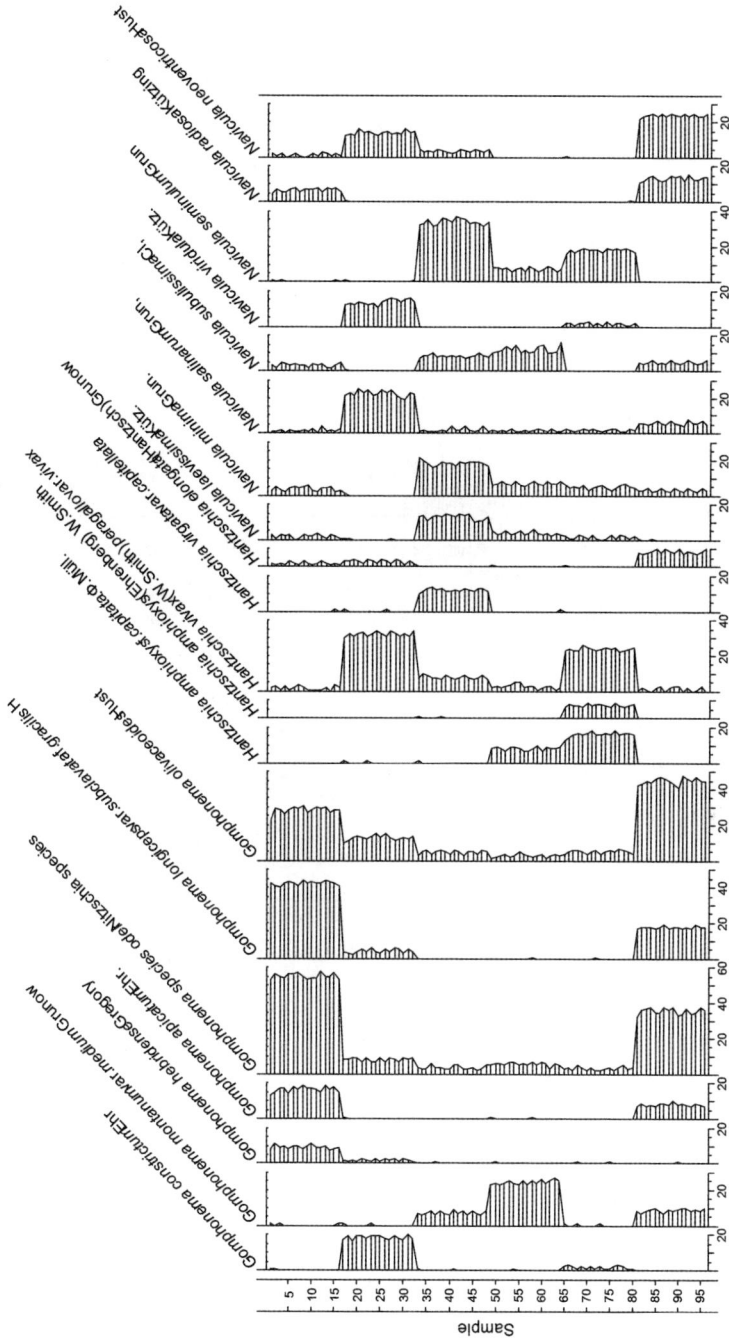

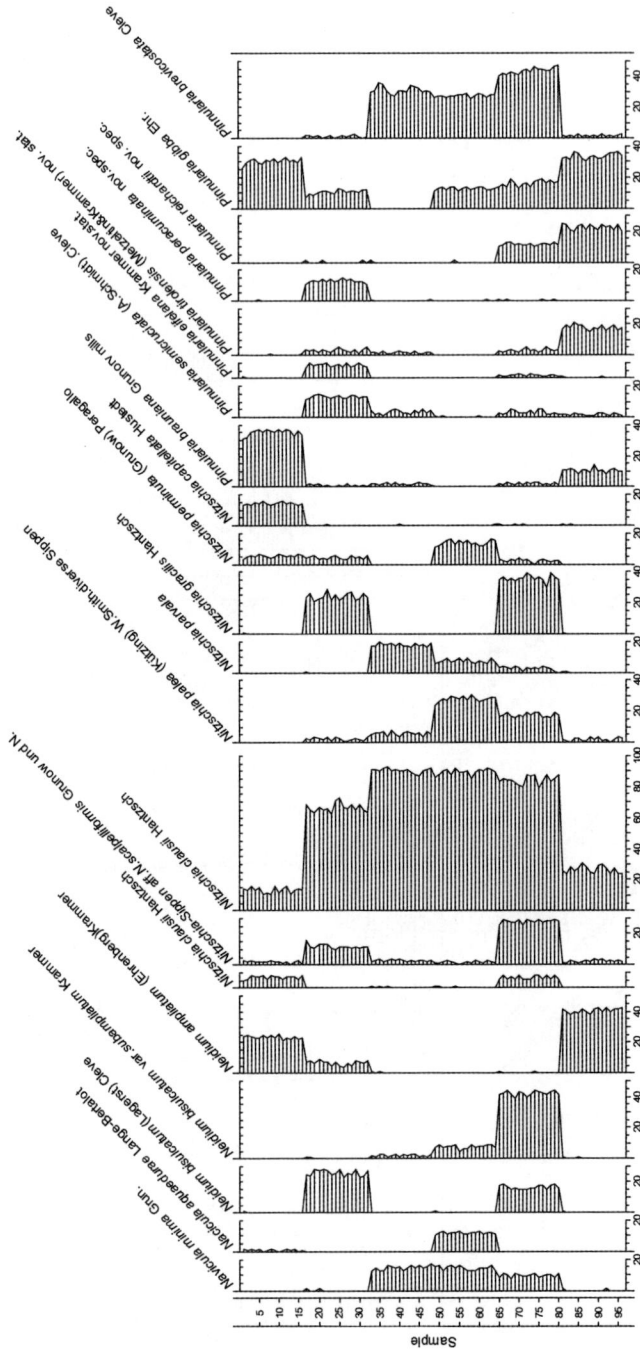

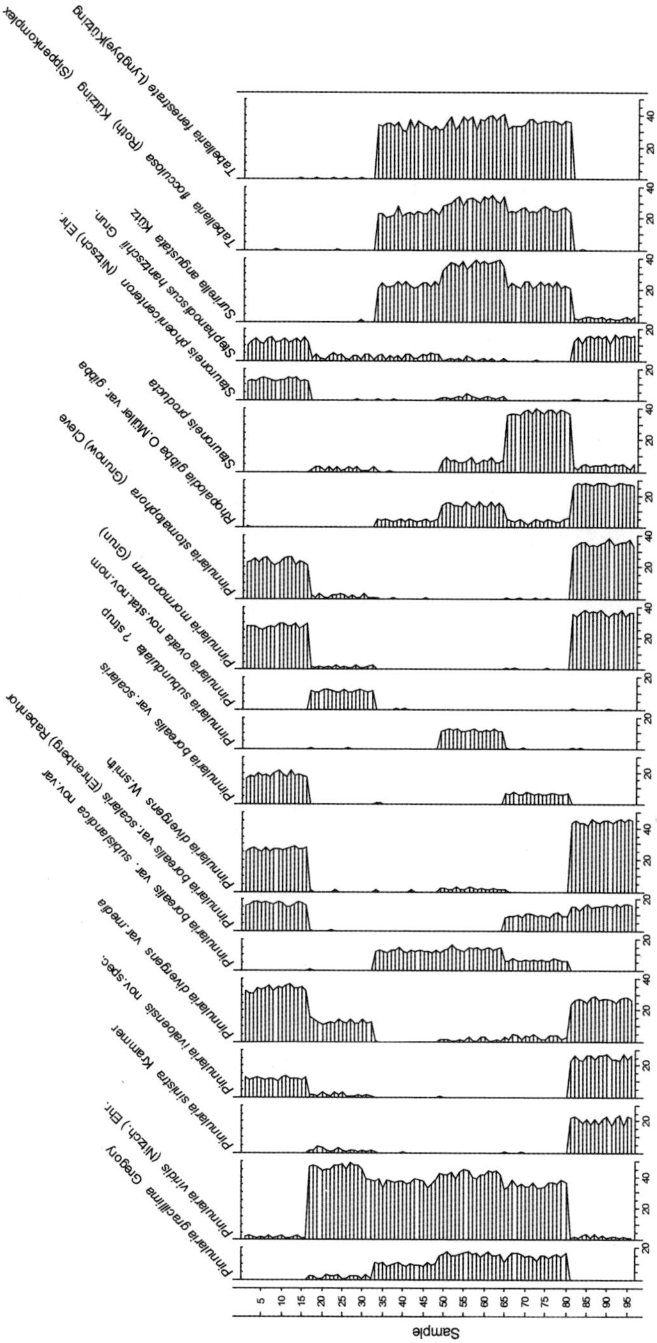
Tabellaria fenestrata (Lyngbye)Kützing
Tabellaria flocculosa (Roth) Kützing (Sippenkomplex)
Surirella angustata Kütz
Stephanodiscus hantzschii Grun.
Stauroneis phoenicenteron (Nitzsch) Ehr.
Stauroneis producta
Rhopalodia gibba O.Müller var. gibba
Pinnularia stomatophora (Grunow) Cleve
Pinnularia mormonorum (Grun)
Pinnularia ovata nov.stat.nov.nom
Pinnularia subundulata ? strup
Pinnularia borealis var. scalaris
Pinnularia divergens W.smith
Pinnularia borealis var. scalaris (Ehrenberg) Rabenhor
Pinnularia borealis var. subislandica nov.var
Pinnularia divergens var. media
Pinnularia ivaloensis nov.spec.
Pinnularia sinistra Krammer
Pinnularia viridis (Nitzch.) Ehr.
Pinnularia gracillima Gregory
Sample

◇ 附录 4　扎龙湿地藻类植物的种类分布

种类	1<---排污区--->8	9<---实验区--->16	17<---缓冲区--->32	33<---核心区--->45
Eu-an	+	+	+	+
Co-de	+	+	+	+
Co-pl		+	+	+
Co-pl-eu	+			
me-va	+	+	+	+
Ph-un	+		+	+
Co-bl		+	+	+
Ce-fu		+	+	+
Mi-ro			+	+
Fr-ly			+	+
Pe-bo		+	+	+
Fr-br			+	
Cy-so	+	+	+	+
Os-fr	+	+	+	+
Fr-ca	+	+	+	+
Co-ob	+	+	+	+
Na-ra	+	+	+	+
Ki-ob	+	+	+	
Cy-ci	+	+	+	+
St-eh				+
Ni-pa	+		+	+
An-az	+		+	+
Eu-an	+		+	+
Sc-in			+	+
Oo-la	+	+	+	+

As-fo	Na-cu	Me-el	Cy-pe	Gy-ac	Go-ac-in	Sc-ac	Ni-in	Na-cr	Go-ac-co	Sy-ac	Ce-hi	Co-su	Ni-su	Sy-af	Tr-ob	Os-pr	Co-an	Os-gr	Me-gr	Me-gr-an	Co-sp	Fr-rh	Ph-py	An-fa
															+								+	
																		+						
+			+	+										+										+
										+														
																+		+						
			+						+			+					+						+	+
		+										+		+			+						+	+
															+				+					
+												+												
			+														+							
												+			+		+	+					+	+
												+			+		+	+						+
					+	+				+	+	+				+	+	+	+					+
			+	+									+						+	+				
			+		+						+									+				
			+	+									+	+					+					
			+										+				+						+	
			+																+	+				
			+	+						+	+													+
																	+							+
		+							+															
					+										+			+	+					
								+	+															+
						+					+			+	+	+								+
											+	+					+	+			+	+		
		+																	+					
		+												+										+
										+	+					+	+							
					+						+													
+		+								+			+	+		+			+				+	+
			+	+						+					+		+		+				+	+
		+						+	+	+			+				+		+				+	+
+										+														+
		+						+	+	+			+			+							+	
										+	+												+	
+	+							+							+									
			+																+					
	+		+				+								+									
	+	+	+				+	+							+							+		
	+		+				+					+	+		+						+			
	+						+			+									+					
		+	+								+				+									+

表（续）

	1 ←—排污区—→ 8	9 ←—实验区—→ 16	17 ←—缓冲区—→ 32	33 ←—核心区—→ 45
Ni-tz	+ + + + + + +	+ + + +	+ + +	+ + + + + +
Di-ov	+ + + + +	+	+	+ + + + + +
An-sp	+	+ +	+	+ + +
Eu-lu	+	+	+	+ + +
Ni-lo	+ + + +	+	+ + + +	+ + + + +
Co-me	+ + + + +	+	+ + + + +	+ + + + + +
cy-me	+ +	+ +	+ + + +	+ + + +
Di-eh	+	+	+ + +	+ + + + +
+s-su	+	+	+ + +	+ + +
Tr-su		+ +	+ + + +	+ +
De-ap	+ +		+ +	+
Mi-cr		+	+ + + +	+ + +
Ph-to	+	+ +	+ + +	+ + +
Cy-tu		+ +	+ +	+ +
Cy-ve		+ + +	+ + +	+ +
St-de		+	+	+
Lyngbya		+	+	+ +
Os-te			+	+ + +
Co-tr	+	+	+	+ +
Os-an		+		+
St-an	+ +	+		+
Mi-fl			+	+
Sp-ir	+	+	+	+ +
On-fi				+ +
St-te				+ + +

Pe-te	Cy-qu	Sc-qu	Cr-te	Mi-ae	Os-ch-in	Oo-el	Ch-el	Rh-gi	Cl-in	Sc-ar	Di-eh	Me-te	Na-ca	Eu-ps	Eu-ca	Na-ci	Me-mi	Cy-pu	An-an	Cy-gr	St-py	Co-mi	Ch-vu	Ni-mi
											+			+									+	
			+			+		+	+	+												+	+	
																			+					
								+																
								+		+	+									+			+	
+								+	+									+				+	+	
								+							+									
+							+	+	+											+		+	+	
												+			+				+				+	
							+	+	+					+	+			+					+	
			+					+	+					+									+	
+								+	+	+	+			+		+		+				+	+	
							+	+									+							
									+			+				+						+	+	
							+										+					+	+	
			+						+													+	+	
			+			+				+												+	+	
+						+		+						+			+		+				+	+
																							+	
												+			+									
																+						+	+	
	+	+					+			+			+	+				+				+	+	
+	+		+											+		+	+						+	
															+								+	
								+		+														
								+						+	+	+							+	
	+	+	+			+						+	+			+							+	
	+													+	+	+						+		
+																								
	+													+		+								
															+				+				+	
+							+	+	+	+		+											+	
	+									+								+				+	+	
			+					+														+	+	
	+	+								+				+									+	
			+								+											+	+	
					+																			
										+								+				+	1	
			+												+									
	+	+					+	+						+								+	+	
	+		+				+											+					+	+
			+												+								+	+
	+		+				+																+	
+		+	+				+			+				+		+		+				+	1	

表（续）

种类	1<---排污区--->8								9<---实验区--->16								17<---缓冲区--->32																33<---核心区--->45												
Go-pa																																	+					+					+		
Se-mi	+	+															+																+	+											
Na-mi	+			+														+																											
Eu-tr		+		+																																	+								
Ac-hu																																					+								
Eu-sp																																													
Tr-vo															+		+	+				+	+				+	+							+		+	+			+				
Ph-pe	+	+							+	+							+	+	+	+		+				+	+						+	+		+		+			+		+		+
Na-sa															+								+	+													+	+			+	+			+
Go-ag					+									+		+	+											+						+	+		+	+							
Go-co											+			+														+									+								
Go-co-ca																					+		+																						
Me-el														+							+		+													+									
Eu-pi	+	+												+																			+	+	+		+	+							
An-cy	+	+			+			+			+		+								+												+	+	+			+			+	+		+	
Na-vi	+										+		+		+		+				+		+		+		+						+	+	+	+		+		+					+
Ch-he	+		+								+		+					+					+		+		+						+	+	+					+					
An-ac	+						+			+		+											+																						
Ni-re	+		+				+															+																							
Fr-in	+	+			+						+		+				+						+						+					+						+					
Na-bo	+	+			+										+		+	+	+		+		+		+		+	+			+		+	+	+	+	+	+			+	+			
Sy-ul							+																				+				+				+			+							
Sc-bi																												+								+					+				
Mo-ag					+															+																									+
Go-mp																	+	+																					+						

扎龙湿地的硅藻植物丰度图

◆ 附录 5

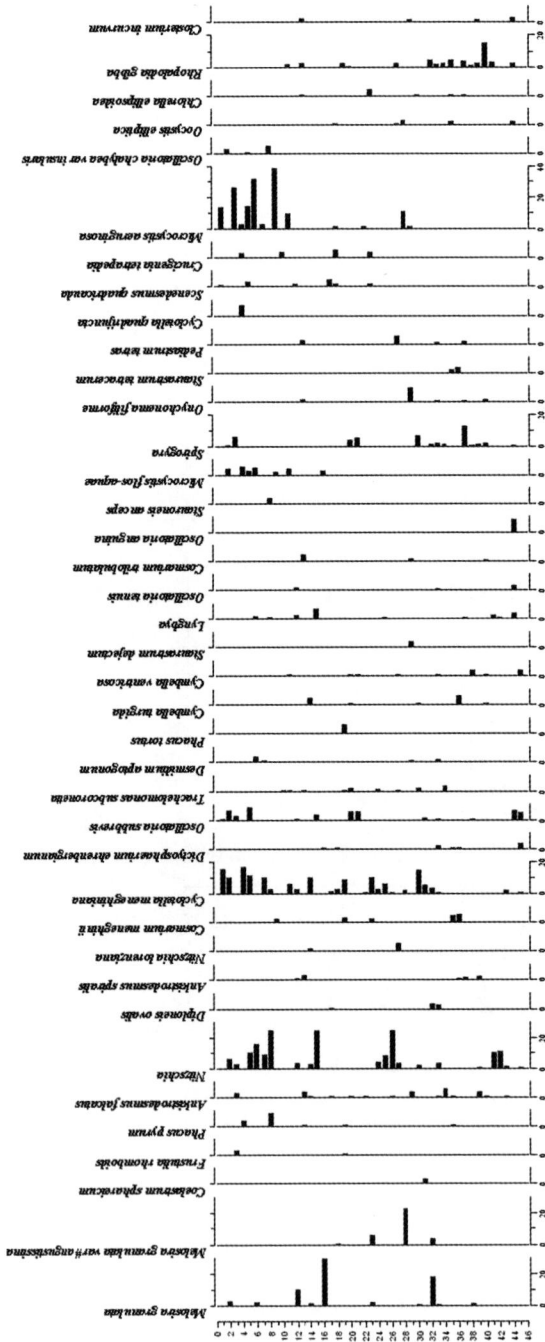

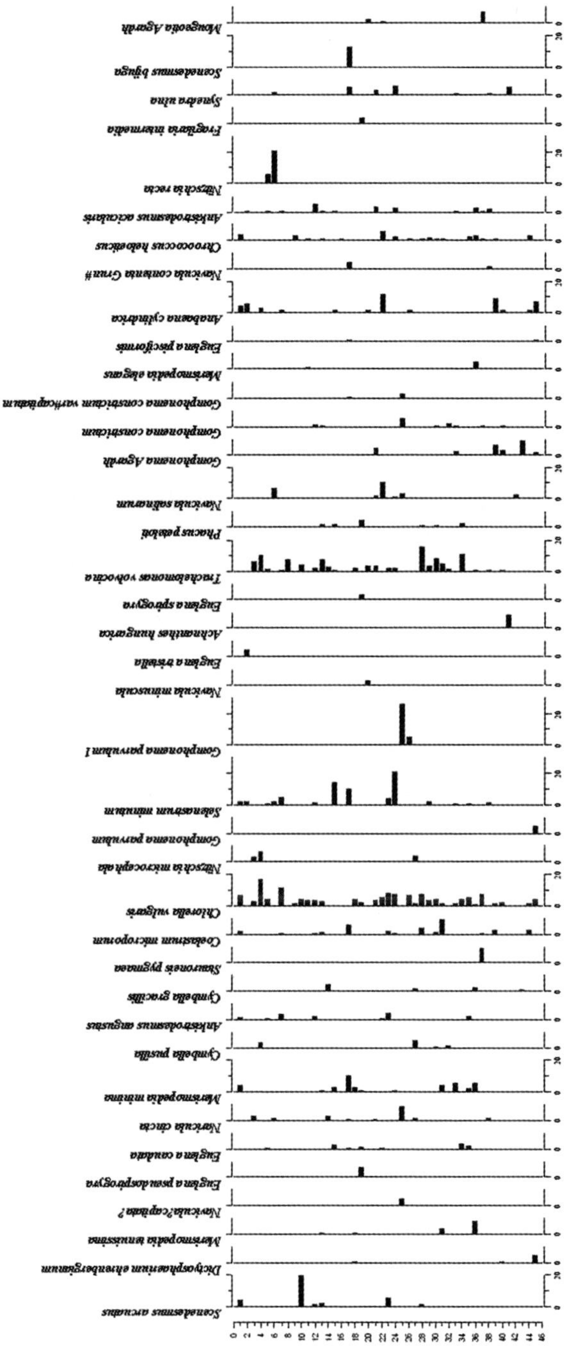
Scenedesmus arcuatus
Dictyosphaerium ehrenbergianum
Merismopedia tenuissima
Navicula?capitata ?
Euglena pseudospirogyra
Euglena caudata
Navicula cincta
Merismopedia minima
Cymbella pusilla
Ankistrodesmus angustus
Cymbella gracilis
Stauroneis pygmaea
Coelastrum microporum
Chlorella vulgaris
Nitzschia microcephala
Gomphonema parvulum
Selenastrum minutum
Gomphonema parvulum I
Navicula minuscula
Euglena tristella
Achnanthes hungarica
Euglena spirogyra
Trachelomonas volvocina
Phacus peteloti
Navicula salinarum
Gomphonema Agardh
Gomphonema constrictum
Gomphonema constrictum var.capitatum
Merismopedia elegans
Euglena pisciformis
Anabaena cylindrica
Navicula contenta Grunii
Chroococcus helveticus
Ankistrodesmus acicularis
Nitzschia recta
Fragilaria intermedia
Synedra ulna
Scenedesmus bijuga
Mougeotia Agardh

图版及说明*

图版 I

1. *Hantzschia amphioxys*（Ehrenberg）W. Smith

2. *Hantzschia amphioxys*（Ehr.）Grun.

3. *Hantzschia amphioxys*（Ehr.）Grun.

4. *Hantzschia virgata* var. *capitellata*

5. Pinnularia ovata *Krammer*

6. Amphora ovalis *Kütz.*

7. Surirella angustata *Kütz.*

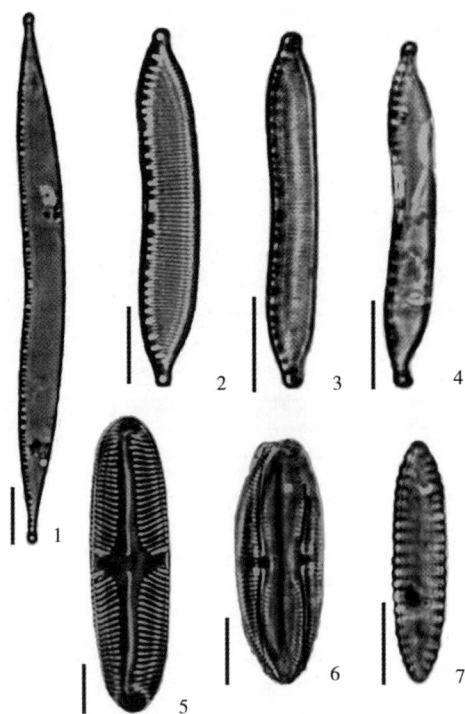

* （测微尺为 10 微米）以下同

图版 II

1. Gomphonema constrictum *var.* capitata

2. *Gomphonema turris* var. *sinicum*

3. Gomphonema truncatum *Ehrenberg*

4. Gomphonema lagerbeimii *A. Cleve*

5. Gomphonema acuminatum *var.* pusillum *Grunow*

6. Gomphonema constrictum *var.* capitatum (*Ehr.*) *Grun*

7. Eunotia soleirolii (*Kützing*) *Rabenhorst*

8. Gomphonema constrictum *Ehr.*

9. Gomphonema acuminatum *Ehr.*

10. Eunotia pectinalis *var.* undulata *Ralfs*

11. Geissleria ignota (*Krasske*) *Lange-Bertalot & Metzeltin*

12. Geissleria moseri *Metzeltin, Witkowski & Lange-Bertalot*

13. Geissleria ignota (*Krasske*) *Lange-Bertalot & Metzeltin*

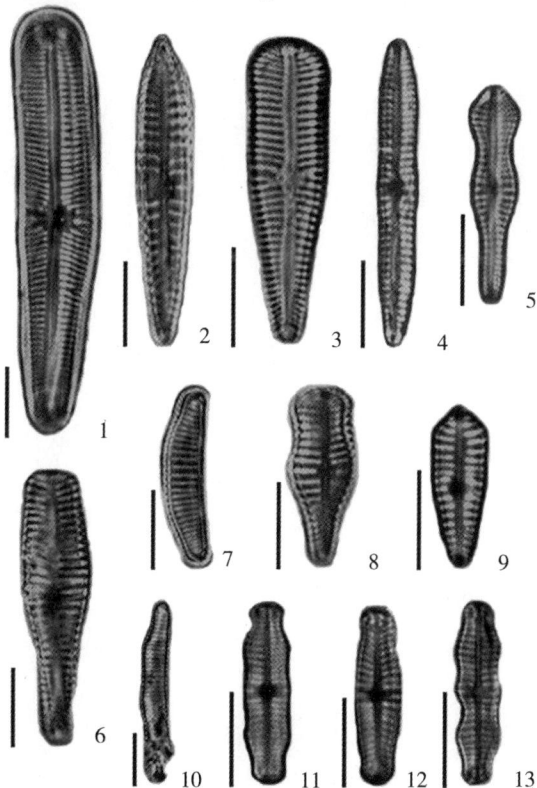

图版 Ⅲ

1. Rhopalodia gibba *O. Müller*
2. Navicula radiosa *Kützing*
3. Caloneis silicula （*Ehrenberg*） *Cleve*
4. Cymbella naviculiformis （*Auerswald*） *Krammer*
5. Aulacoseira granulata （*Ehrenberg*） *Simonsen*
6. Cyclotella meneghiniana *Kütz.*
7. Cocconeis placentula *var.* pseudolineata
8. *Cocconeis placentula* var. *euglypta*
9. Cocconeis placentula *var.* lineata

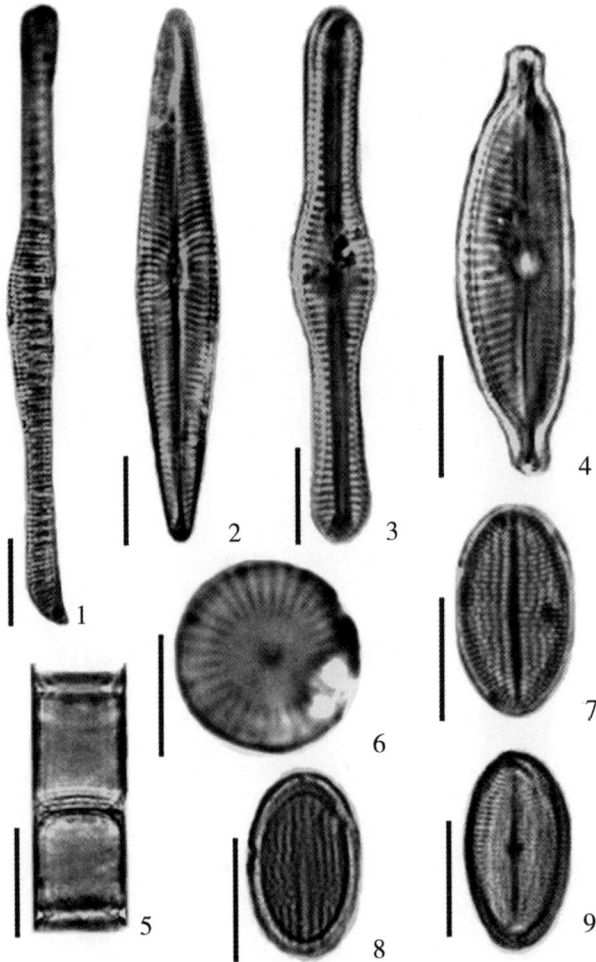

图版 IV

1. *Stauroneis phoenicenteron* （Nitzsch） Ehr.

2. *Neidium bisulcatum* （Lagerst） Cleve

3. *Neidium bisulcatum* var. *subampliatum* Krammer

4. *Stauroneis anceps* Ehrenberg

5. *Eunotia tenella* （Grunow） Hustedt

6. *Eunotia praerupta* Ehr.

7. *Eunotia subarcuatoides* Alles， Nörpel & Lang

8. *Eunotia lunaris* （Ehr.） Grun.

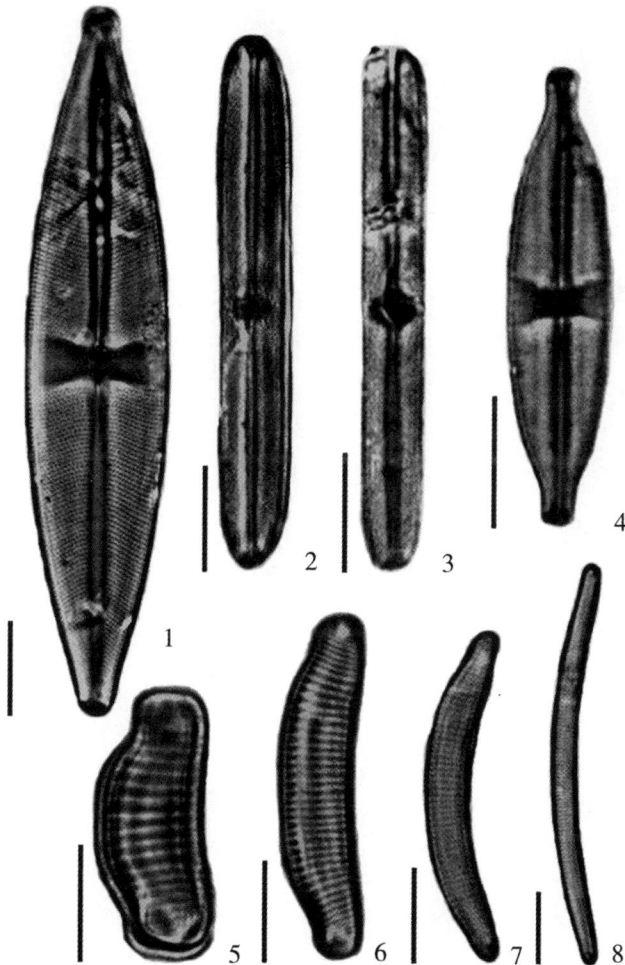

图版 V

1. *Pinnularia semicruciata*（A. Schmidt）Cleve

2. *Pinnularia peracuminata* Krammer

3. *Pinnularia reichardtii* Krammer

4. *Pinnularia ivaloensis* Krammer

5. *Navicula pupula* var. *rectangularis*（Greg.）Grun.

6. *Navicula laevissima* Kützing

7. *Pinnularia brauniana* Grunow

8. *Nacicula aquaedurae* Lange-Bertalot

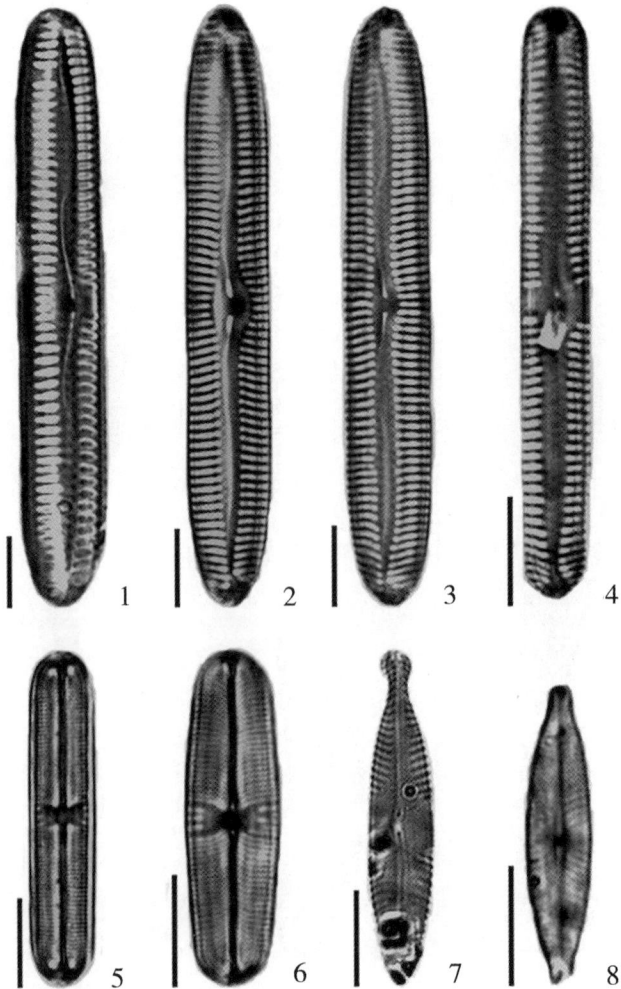

图版Ⅵ

1. *Pinnularia divergens* W. Smith
2. *Pinnularia mormonorum*（Grun.）
3. *Pinnularia subundulata* ø strup
4. *Pinnularia borealis* var. *scalaris*
5. Pinnularia eifelana *Krammer*
6. Pinnularia borealis *var.* subislandica *Krammer*
7. Pinnularia borealis *Ehrenberg*
8. Pinnularia subundulata *ø strup*

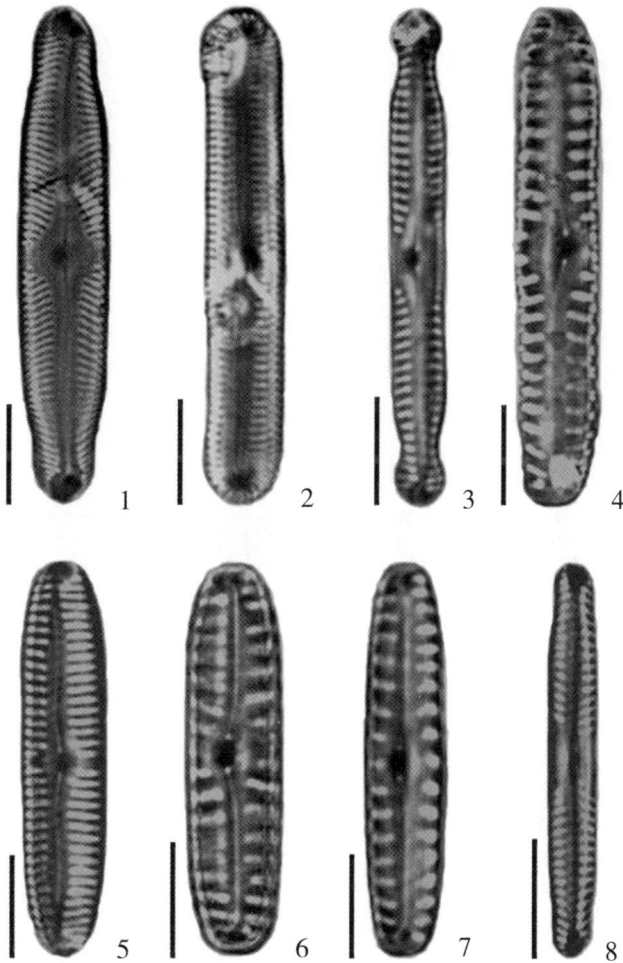

图版 Ⅶ

1. Pinnularia crucifera *Cleve-Euler*
2. Pinnularia subundulata *ø strup*
3. Pinnularia stomatophora （*Grunow*） *Cleve*
4. Pinnularia reichardtii *Krammer*
5. Cymbella tumida
6. *Encyonema ventricosum* （Agardh） Grun.
7. *Encyonema vulgare* Krammer
8. *Achnanthes hungarica* Grunow

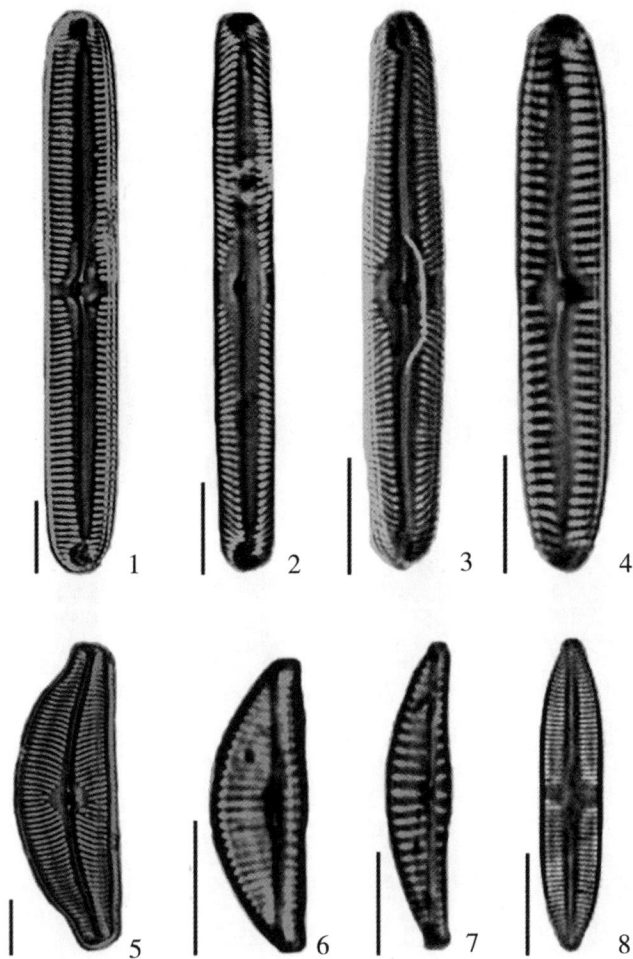

图版 VIII

1. *Nitzschia clausii* Hantzsch
2. *Nitzschia amphibia* f. *frauenfeldill*
3. Nitzschia gracilis *Hantzsch*
4. Synedra ulna （*Nitzsch*） *Ehr.*
5. Nitzschia clausii *Hantzsch*
6. Nitzschia palea （*Kützing*） *W. Smith*
7. Nitzschia palea *var.* debilis （*Kütz.*） *Grun*

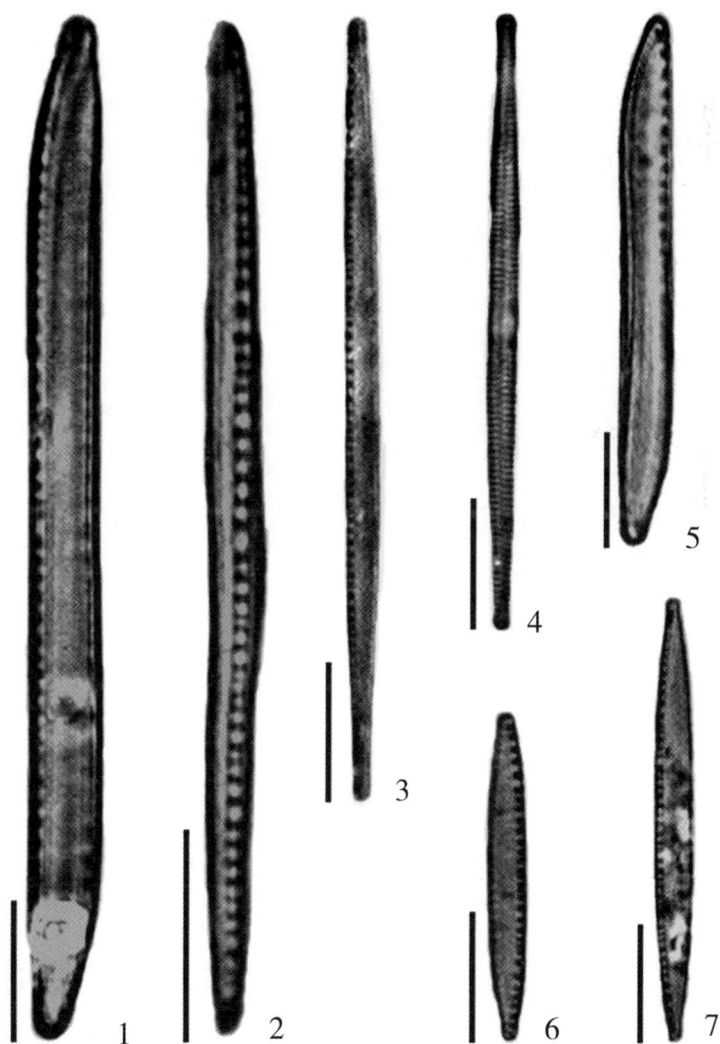

图版 IX

1. Eunotia pectinalis *var.* undulata *Ralfs*

2. Eunotia pectinalis *var.* ventralis（*Ehr.*）*Hust.*

3. Eunotia paludosa *Grunow*

4. Eunotia bilunaris（*Ehrenberg*）*Mills*

5. Eunotia faba *Ehrenberg*

6. Navicula pupula

7. *Tabellaria flocculosa*（Roth）Kützing

8. *Tabellaria fenestrate*（Lyngbye）Kützing

9. *Tabellaria fenestrate*（Lyngbye）Kützing

10. *Eunotia incisa* Gregory

11. *Gomphonema parvulum* var. *lagenula*（Kützing）Frenguelli

12. *Nitzschia brevissima*

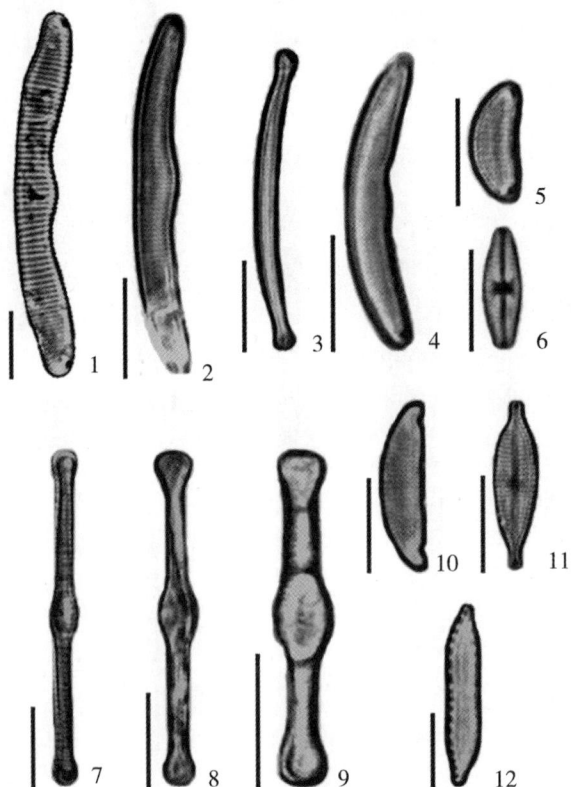

图版 X

1. 密集微囊藻 *Microcystis densa* West
2. 拟短形颤藻 *Oscillatoria subbrevis* Schm.
3. 巨颤藻 *Oscillatoria princes* Vauch. Ex Gom.
4. 卷曲鱼腥藻 *Anabaena circinalis* Rab.
5. 角甲藻 *Ceratium hirundinella* Schr.
6. 念珠藻 *Nostoc* sp.
7. 实球藻 *Pandorina morum* Bory
8. 二角盘星藻具刺变种 *Pediastrum duplex* var. *echinatum* Jao
9. 二角盘星藻大孔变种 *Pediastrum duplex* var. *clathratum* Brunn

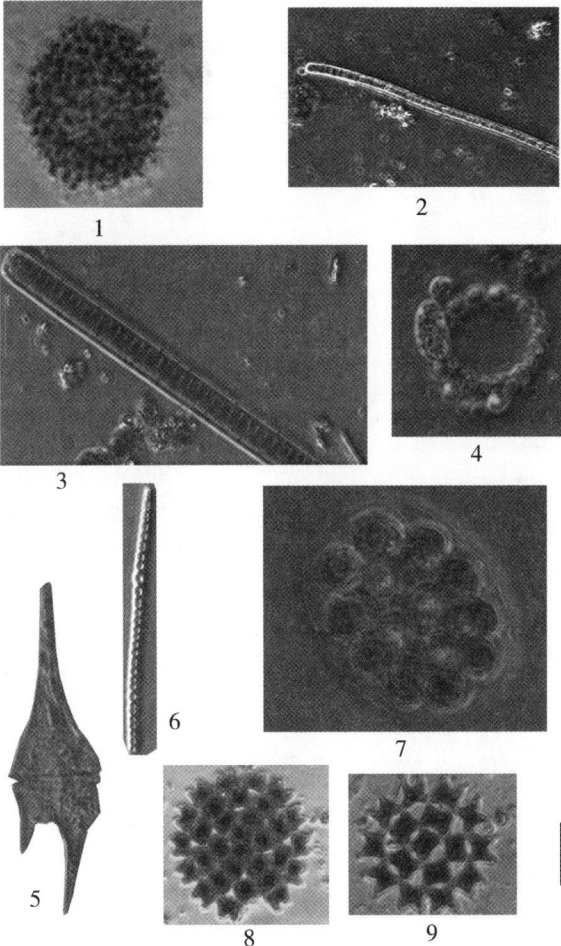

图版 XI

1. 二角盘星藻颗粒变种 *Pediastrum duplex* var. *subgranulatum* Raciborski
2. 隆顶栅藻 *Scenedesmus protuberans* Fritsch
3. 项圈新月藻 *Closterium moniliforum* Ehr.
4. 二角盘星藻纤细变种 *Pediastrum duplex* var. *gracillimum* West
5. 二形栅藻 *Scenedesmus dimorphus* Kütz.
6. 近膨胀鼓藻 *Cosmarium subtumidum* Nordstedt
7. 二角盘星藻 *Pediastrum duplex* Meyen
8. 弯曲栅藻 *Scenedesmus arcuatus* Lemm
9. 二角盘星藻网状变种 *Pediastrum duplex* var. *reticulatum* Lagardh
10. 锐新月藻 *Closterium acerosum* Ehr.

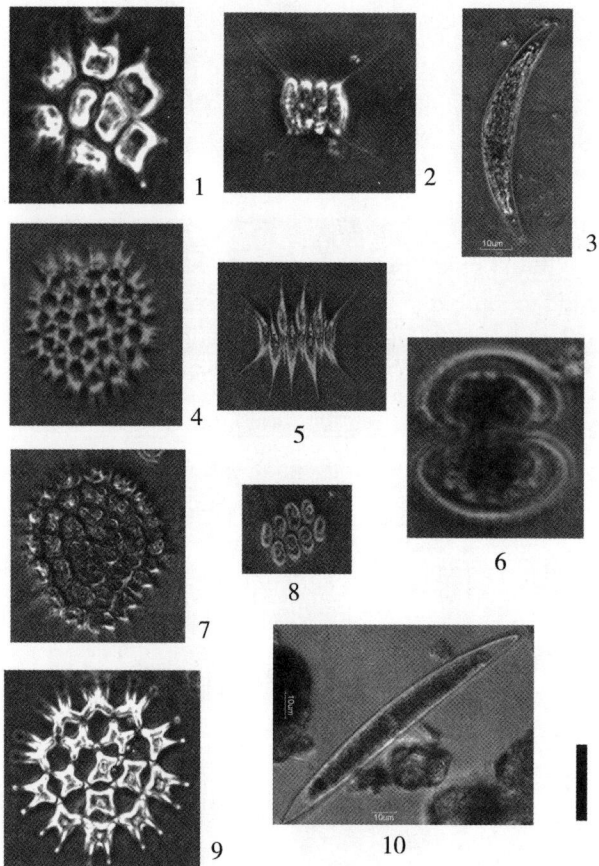

图版 XII

1. 厚皮鼓藻 *Cosmarium pachydermum* Lundell

2. 长尾扁裸藻 *Phacus longicauda* Düj.

3. 波形扁裸藻 *Phacus undulates* Pochm

4. 三棱扁裸藻 *Phacus triqueter* Düj.

5. 哑铃扁裸藻 *Phacus peteloti* Lef.

6. 棱形裸藻 *Euglena acus* Ehr.

7. 尖尾裸藻 *Euglena oxyuris* Schmarda

8. 芒刺囊裸藻 *Trachelomonas spinulosa* Defl

9. 棘刺囊裸藻 *Trachelomonas hispida* Steinem

10. 矩圆囊裸藻 *Trachelomonas oblonga* Lemm

11. 美丽网球藻 *Dictyosphaerium pulchellum* Wood

12. 颗粒栅藻 *Scenedesmus granulates*

13. 四尾栅藻 Scenedesmus quadricauda *Brébisson*

14. 多棘栅藻 Scenedesmus spinosus *Chodat*

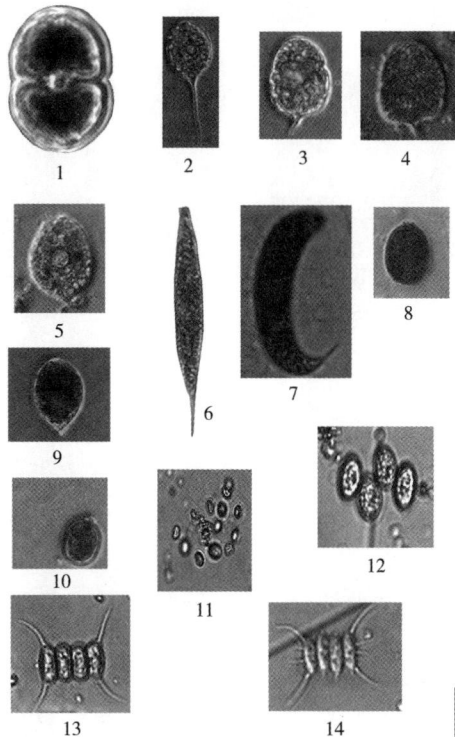

图版 XIV

1. 角形新月藻 Closterium corne *Ehr.*
2. 空球藻 Eudorina elegans *Ehr.*
3. 四足十字藻 Crucigenia tetrapedia
4. 螺旋弓形藻 *Schroederia spiralis korschikoff*
5. 四角盘星藻 Pediastrum tetras *Ralfs*
6. 小空星藻 Coelastrum microporum *Naegeli*
7. 棘刺囊裸藻 Trachelomonas hispida *Stein em. Defl*
8. 细粒囊裸藻 Trachelomonas granulose *Playf.*
9. 鱼形裸藻 Euglena pisciformis *Klebs*
10. 尾裸藻 Euglena caudate *Hübn.*
11. 尾裸藻 Euglena caudate *Hübn.*

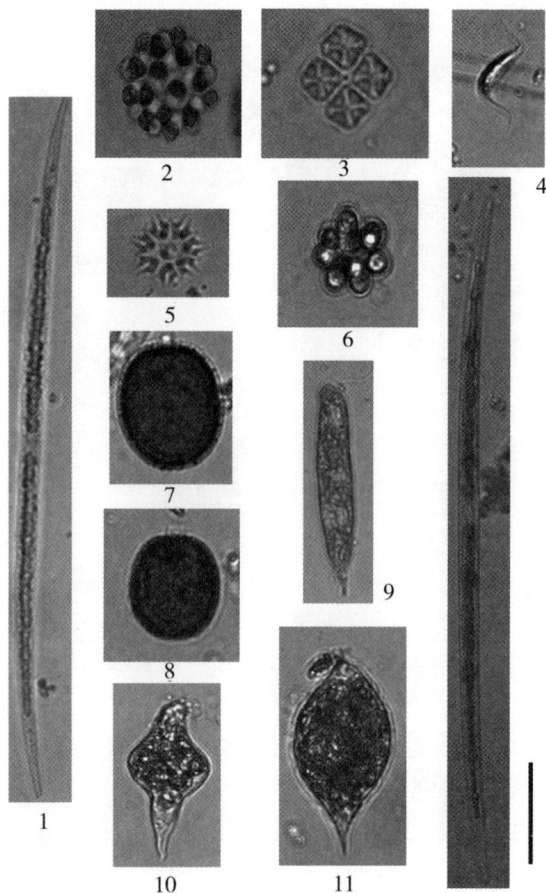

图版ⅩⅤ

1. 布莱鼓藻 Cosmarium blyttii *Wille*
2. 具瘤陀螺藻 Strombomonas verrucosa *Defl*
3. 剑尾陀螺藻 Strombomonas ensifera *Defl.*
4. 直菱形藻 Nitzschia recta
5. 谷皮菱形藻 *Nitzschia palea* Smith
6. 隐头舟形藻 *Navicula cryptocephala* Kütz.
7. 偏肿桥弯藻 *Cymbella ventricosa*
8. 弯曲栅藻 Scenedesmus arcuatus
9. 齿牙栅藻 *Scenedesmus denticulatus* Lag.
10. 四角十字藻 *Crucigenia quadrata* Morren
11. 四尾栅藻 *Scenedesmus quadricauda*

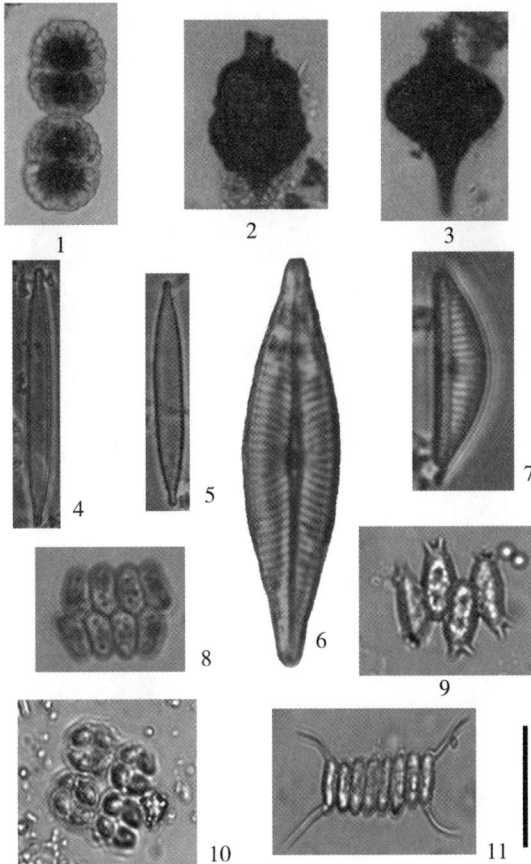

图版 XVI

1. 变异直链藻 Melosira varians *Ag.*
2. 颗粒直链藻 Melosira granulate *Ralfs.*
3. 头状针杆藻 Synrdra captiata *Ehr.*
4. 月形短缝藻 Eunotia lunaris *Grun.*
5. 膨胀桥弯藻 Cymbella tumida *Van Heurck*
6. 尖布纹藻 Gyrosigma acuminatum *Rab.*
7. 普通等片藻 Diatoma vulgaris *Bory*
8. 尖顶异极藻 Gomphonema augur *Ehr.*
9. 尖细异极藻 Gomphonema acuminatum *Ehr.*
10. 扁圆卵形藻 Cocconeis placentula *Hust.*
11. 纤细异极藻 Gomphonema gracile *Ehr.*
12. 草鞋形波缘藻 Cymatopleura solea *Smith*
13. 侧生窗纹藻 Epithemia adnata *Bréb*

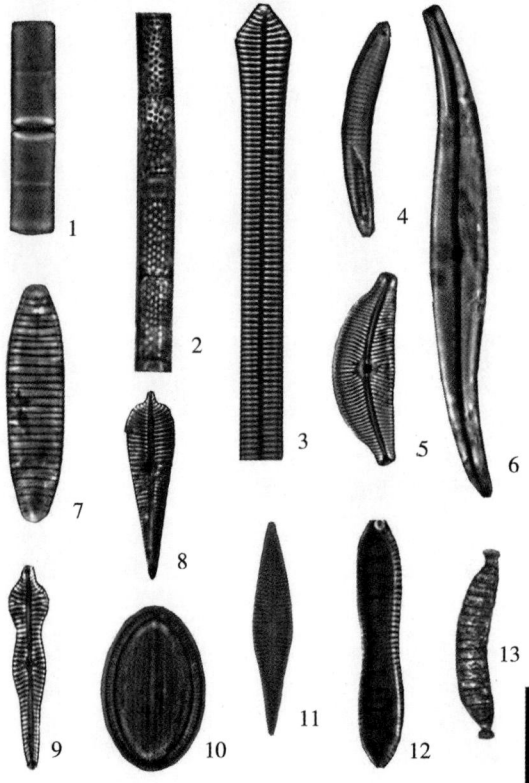

图版 XVII

1. 双尖菱板藻 Hantzschia amphioxys *Smith*

2. 双尖菱板藻 Hantzschia amphioxys *Grun.*

3. 缢缩异极藻 Gomphonema constrictum *Ehr.*

4. 尖细异极藻 Gomphonema acuminatum *Ehr.*

5. 肘状针杆藻 Synedra ulna *Ehr.*

6. 扁圆卵形藻多孔变种 Cocconeis placentula *var.* euglypta

7. 膨胀桥弯藻 *Cymbella tumida*

8. 放射舟形藻 Navicula radiosa *Kützing*

9. 瞳孔舟形藻 Navicula pupula

10. 弯棒杆藻 *Rhopalodia gibba* O. Müller

11. 梅尼小环藻 *Cyclotella meneghiniana* Kützing

12. 卵圆双眉藻 *Amphora ovalis* Kützing

13. 细长菱形藻 *Nitzschia gracilis* Hantzsch

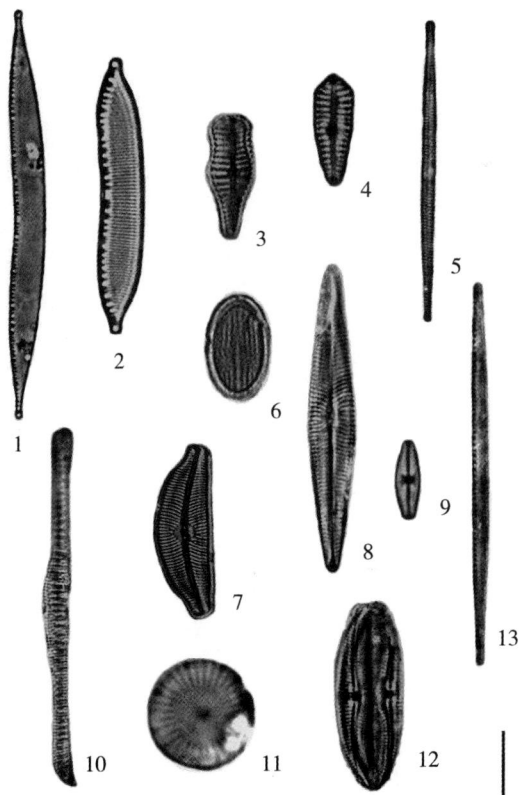